スッキリ！がってん！
地熱の本

江原 幸雄 [著]

電気書院

はじめに

　地熱・地熱発電とはどんなものか.

　太陽光発電や風力発電はイメージしやすく，問題なくすぐ理解できる. しかし，地熱発電は字句どおりならば，地熱を使って電気を起こす. でも何かわかりにくい. 多くの人の実感であるようだ.

　地熱とは何か. 地下に貯まっている熱である. どのように貯まっているのか. そして，それを取り出してどのように発電するのか. 本書では，そこのところをフィールドデータに基づいて，できるだけわかりやすく説明したい. 地熱の最大の利用分野が地熱発電である.

　地熱発電はほかの再生可能エネルギーによる発電に比べ，季節や日々の天候の影響がなく，極めて安定しており，使い勝手が良い. それだけでなく，火山国日本は発電のための地熱資源量が世界第3位と恵まれており，まさに日本向きである. さらに，地熱発電所の心臓部である「地熱蒸気タービン」の供給は，日本の三大電機メーカ（東芝・富士・三菱日立）が世界の70％を占めており，技術的に見て圧倒的に優勢である.

　しかし，残念ながら，地熱資源が多いにもかかわらず，発電技術も極めて優れているにもかかわらず，現在わが国で利用されているのは地熱資源の約3％（地熱発電設備容量に換算して約50万kW）で世界10位に甘んじている. その状況が近年（いわゆる2011年3.11以降）急激に変わりつつある. その状況も本書では紹介し，多くの方に地熱発電に関心をもっていただき，さらに地熱・地熱発電のファン・応援団になっていただければありがたい. とくに若い人には地熱発

電の分野（理工系だけではなく，地域合意形成・経済性の評価等の人文系の人にも活躍の場がある）に参加していただき，日本のエネルギー問題，広くは地球温暖化問題に是非とも貢献してほしいと思っている．

2019年5月　著者記す

目　次

はじめに——*iii*

➊　地熱ってなあに

1.1　地熱発電とは？——*1*
1.2　地球の中はどうなっている？——*2*
1.3　地熱系（地下の熱システム）の分類——*9*
1.4　地熱系の熱源としてのマグマ溜り——*16*
1.5　地熱エネルギーを地下から取り出すには？——*20*

➋　地熱資源の探査・評価と地熱発電

2.1　地熱をどのように探すのか？——*25*
2.2　地熱系概念モデルをどのようにつくるのか？——*38*
2.3　地熱資源量をどのように評価するか？——*40*
2.4　地下の熱と水の流れをどのように解明していくか？
　　——*42*
2.5　地下の熱を使ってどのように発電するのか？——*79*
2.6　バイナリ発電とは？——*85*
2.7　持続可能な地熱発電とは？——*88*

3 地熱発電の歴史，課題と次世代地熱発電の展望

3.1　日本の地熱発電・世界の地熱発電の現状は？——101

3.2　3.11前後のわが国における地熱開発の現状と課題は？
　　　——110

3.3　次世代の地熱発電とは？——121

参考文献——133

索引——137

おわりに——147

1.1 地熱発電とは？

地熱ってなあに

1.1 地熱発電とは？

　地熱発電とはなにか．地熱を使って電気を起こす方法である．それでは地熱とはなにか．地熱とは地球内部に貯まっている熱である．地球内部は太陽のように熱いのか？ 実はそれほど熱くはないが，球状中心部（深さ約 6 370 km）で約 6 000 ℃（鉄も簡単に溶ける）であり，太陽だけでなく，地球も火の玉である．ただし，数千 km もの深い熱は現在取り出す技術はなく，当面地下 10 km 深以内程度が想定されている．それでも無尽蔵ともいえるばく大な熱量がある．現在，実際には深さ 1〜3 km から熱が取り出されている．地下から取り出された蒸気や熱水のもつ熱エネルギーは，地熱発電所で機械エネルギー（タービンの回転力）に変換され，最終的には電気エネルギーに変換される．つくられた電気は送・配電線で運ばれ，利用場所（家庭や工場など）まで運ばれ，電気器具や電灯などで消費されるのである．さて，地下の熱はどのようにつくられ，どのように貯まっているのだろうか．そして，どのように地上に取り出され，それを使ってどのように発電するのであろうか．本書ではまず，「地下での熱にかかわるプロセス」と，「地上で熱から電気に変換されるプロセス」に分けて説明しよう．

1 地熱ってなあに

1.2 地球の中はどうなっている？

(i) 地球の中の構造

　地球の中はどうなっているのか．これまで多くの地球科学者の取組みにより，かなりの程度わかってきている．もちろん未解明な部分も多いが．みなさんは，中学校，高等学校，大学教養課程などで，「理科」，「地学」，「地球科学」あるいは「地質学」などの科目で，地球内部について学んだことがあると思う．また，日本列島では地震や火山噴火がしばしば起こり，多くの災害が発生していることから，地球内部はどうなっており，どんなことが起こっているのか，思いをめぐらせたことは多いのではないか．しかし，地球内部の「熱」や「温度」がどうなっているのかはあまり考えたことはないかもしれない．実は地下の温度は，地震発生とも関係しており，火山噴火とは直接的な関係がある．さらには，45億年を超える地球の長い歴史とも大いに関係ある．それではまず，地球内部の構造から始めよう．

　これまでの研究から，地球はほぼ球体で，その内部は大きく分けて三つの層に分かれている（図1・1）．地表から30 km深くらいまでは地殻と呼ばれ，硬い岩石（主に花崗岩や玄武岩）からなっている．その下はマントルと呼ばれる岩石（かんらん岩）の層が深さ2 900 km程度まで続いている．さらにその下は，核（コア）と呼ばれ，地球の中心（深さ約6 370 km）まで続いている．この核は上下二層に分かれており，外側の浅い部分は外核と呼ばれ，深さ約5 100 kmまで続いており，この部分は液体になっている（大部分は鉄で，それに硫黄，ニッケル，ケイ素などが少量含まれている）．5 100 km以深の内核は再び固体であり，成分は外核と同様と考えられている．

1.2 地球の中はどうなっている？

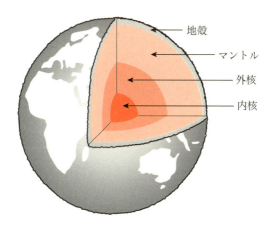

図1・1 地球の三層構造 地殻・マントル・核（外核・内核）

このように地球は大きくみて三層構造をしている．そこで，よくゆで卵に例えられる．ゆで卵の殻の部分が地殻，白身の部分がマントル，黄身の部分が核というように．

このような地球の構造はどうやってわかったのか．実は地球の内部を伝わる地震波を使う．地震波は地下を伝わるとき，地震波の速度が速い層（硬い層といってもよい）と遅い層（軟らかい層といってもよい）との境界では直進せず，曲げられる．曲げられる程度は境界の地層の地震波の速度比による．地震波を地球上のいろいろな場所で観測すると，地球の内部は一様ではなく，基本的にはより深部ほど地震波速度は速く（物質は硬く），また，地震波速度の異なる多くの層に分かれているのがわかる．地震波から地球内部の層構造（大きくは，地殻，マントル，核の三層で，必要に応じてさらに細かく分けられる）を決める方法をもっと知りたい場合は，地震学の教科書を開いていただくことにしよう．地熱発電を理解する目的では，「地震波を使っ

1 地熱ってなあに

て地球内部の層構造が決まる」と知っておけばよい．

(ii) 地球の中の動きとマグマ溜り

さて，地球内部の構造は大きくは地殻，マントル，核の三層（いずれも構成する物質が異なっている）に分かれているが，実は地殻（その厚さは，大陸下では30 km程度，海底下では5 km程度）とマントル上部の一部（70〜150 km程度）は硬さからみると一体の構造と考えられ，この一体化した部分をプレート（岩板）あるいはリソスフェアと呼び，現代の地球科学では重要な構造と考えられている[1]（図1・2）．その下の軟らかい部分はアセノスフェアと呼ばれる．実は，このプレートは，大洋（太平洋や大西洋など）中央部にあるマントル深くから，熱くて融けた岩石のもとが上昇してきて，海底に噴出し，冷えながら固まった部分はプレートとなり左右に分かれていく．冷えるにしたがって固化が進行し海洋プレートは次第に厚くなり，最終的に70 km程度になる．地球表面にはプレートが敷き詰められ（大きいものは10枚程度で小さいものを含めると50枚以上ともいわれる），この冷えて固まり重くなったプレートはまたマントルに沈み込む．この沈

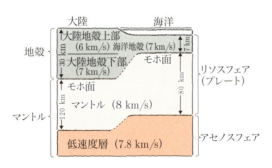

図1・2　プレートの構造，図中の数値はP波速度（酒井，2003）

1.2 地球の中はどうなっている？

み込む付近がちょうど海溝にあたる．このようにマントルから湧き上がり冷えてプレートとなり，そのプレートが水平方向に移動し，衝突したり，沈み込んだりする．日本列島周辺には東側に太平洋プレート，西側にユーラシアプレート，北東側に北米プレート，南西側にフィリピン海プレートがあり，相互に運動し，プレートがぎしぎしとひしめきあっている[2]（図1・3）．その結果，地震活動や火山活動が活発，したがって地熱活動も活発になっている．

例えば，日本列島の太平洋側の海溝（日本海溝）では冷えた太平洋プレートが東北日本の下のマントル中を西側下方に沈み込む[3]（図1・4）．また，日本列島南西側のフィリピン海プレートは南西日本の下に沈み込んでいる．このプレートの沈み込みにより火山が形成され，その結果地熱活動が生じる．そのメカニズムは次のようである．沈み込むプレートは冷たいので冷たい（重い）ものが沈む．しかし，冷たいものが沈み込むのに火山ができるのは不思議である．実は，沈み込むプレートがマントルに入っていくとき，岩板間に摩擦が生じる．当初は，この摩擦熱が火山を生成するのではないかと

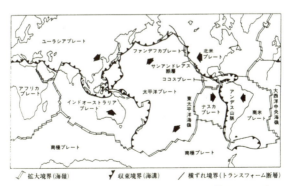

図1・3　地球上のプレートの配置（井田・兼岡，1977）

1 地熱ってなあに

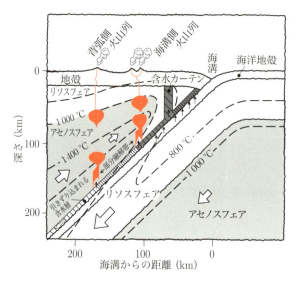

図1・4　東北日本地下へのプレート沈み込み（巽，1977）

推定された．しかし，計算してみると確かに摩擦熱は生じるが，それは冷えたプレート自身を温めるだけで，火山を生じるような特別な熱は出てこない．これは困ったことであったが，次のように説明された．沈み込むプレート表面は海水に接しており，そこにある岩石（正確には岩石を構成する鉱物）中に水が捉えられている．実は，この鉱物中の水は，浅い（圧力が低い）と鉱物中に捉えられているが，深くなる（圧力が高くなる）と鉱物中から絞り出される．これは室内実験で確かめられている．この絞り出された水は周辺岩石に比べて軽いので，プレート表面から分離しその上のマントル中を上昇する．いい換えるとプレート上面から周囲のマントル中に水が注入されることになる．

1.2 地球の中はどうなっている？

　高温だが融けていない岩石に水が加えられると，融点（岩石の融ける温度）が下がり，融けはじめる．最初は小さな溶融物（メルト）であるが，それらは上昇しながら互いに集合し，次第に大きな塊になる（マントルプルームという）．融けているので周囲のマントルより軽く上昇を続ける．そして，マントルと地殻の境界付近でいったん停滞する（マントルより地殻の密度が低いのでマントルプルームにとっては地殻・マントル境界は上昇の障壁となる）．この停滞したマントルプルームはその上部の地殻を温めるとともに，一部は地殻に侵入し，周囲の地殻岩石とほぼ密度が釣り合ったところで停留する．多くの場合，深さ数〜20 km程度である．その差し渡しは，数〜10 km程度である．この深度に存在する岩石が溶融した塊をマグマ溜りという[1]（図1・5）．

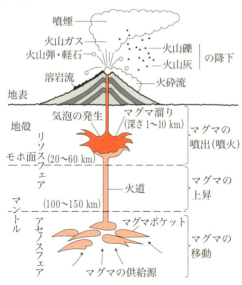

図1・5　火山のマグマ溜り（酒井，2003）

1 地熱ってなあに

(iii) マグマ溜りと地熱貯留層の形成

　マグマ溜りが地表に出てくれば噴火である．数十万～100万年といわれる火山の長い寿命のなかで噴火はきわめて稀な現象で，マグマは通常は静かに留まっており，ただ熱だけ（マグマ中に含まれるH_2Oも熱を上方に運ぶ）を周囲，特に上方に放出している．したがって，火山周辺の地下は普通の地域（200 °C以下程度）に比べて高温になっている（地下数kmで300～1 200 °C程度）．この高温の岩石が地表から地下深部に浸透した降水を加熱すると，水は膨張して浮力を生じ，加熱された水は一転，地殻中を上昇する．地殻中を上昇した熱水はそのまま地表に出るものもあるが（地表で温泉あるいは噴気としてみられる），多くの場合，地殻浅部（1～3 km深程度）に貯められる．これが地熱貯留層といわれるものである[4]（図1・6）．多くの地熱地域では水の起源は降水（地表水とも天水ともいう）であり，活

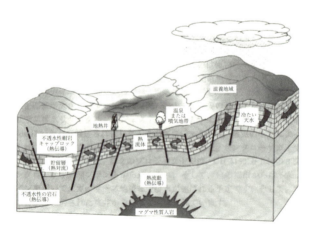

図1・6　マグマ溜りと地下における熱と水の流れ．日本地熱学会IGA専門部会（2008）

火山の近傍ではマグマ中に含まれているマグマ水も確かに関与していることがある.

1.3　地熱系（地下の熱システム）の分類

　実際の地熱系は地域ごとに地質構造が異なり，熱源も異なり，地下での水の状態も異なり実に多様である．どの地熱系も二つとして同じものはない．人間は，人間という範ちゅうでは似た存在だが，個々には全く異なった体形・人格・心理等の個性をもっていることも確かである．しかし，人間もいろいろな観点から分類が行われ，各種の議論の基盤になっている．地熱系も同じで，いろいろな観点から分類することは種々の議論をするうえで有効なものになると考えられる.

　そのような考え方から，ここでは「関与する熱源（マグマあるいは地殻熱流量）」（地殻熱流量とは地球深部から上昇し，地殻を通って地上に放出される伝導的熱流量のこと），「水の起源（降水あるいはマグマ水）」，「熱水の状態（液相，気相，気液二相等）」の観点から分類した地熱系の分類例を示す．実は数は少ないが，熱水がほとんど関与しない地下の熱システムもあり，本書では「熱水系」ではなく，より広い概念として「地熱系」を使う．なお，分類は人為的なものであり，自然の地熱系は連続的かつ多様なものであり，中間的なものも少なくなく，よりどちらの地熱系に近いかを表現することも大事なので，必要に応じて「卓越型」という表現を付した.

(i) 伝導卓越型地熱系

　水による熱輸送量がきわめて少なく，熱の輸送が主として熱伝導であるような地熱系．非常に特殊である．例として，日本では，富山県黒部高温岩体地域が挙げられる．ここでは花崗岩体中にトンネ

1　地熱ってなあに

ルが掘削された結果160 ℃に達する高温が確認され，関与する水も少ない（周辺地域にも温泉は少ない）ことから，伝導卓越型地熱系と分類した．黒部のトンネル岩盤表面は現在でも100 ℃を超える高温となっているが，岩盤から放出される温泉放熱量・噴気放熱量はごくわずかなものである．実はトンネル（長さ約700 m，底部の幅3.2 m，高さ3.5 m）の岩盤表面からの自然放熱量が測定に基づいて評価され，高温の岩石表面より熱伝導で放出される熱量1.26 MW，噴気放熱量0.02 MW，温泉放熱量0.01 MWで，合計自然放熱量1.29 MWのうち，98 ％の熱は熱伝導で運ばれている[5]．地温が高い所（地熱地域）では一般に地殻活動が活発で，断層などが形成される可能性が高く，地層は高空隙率で高透水性の場合が多く，地殻浅部で黒部高温岩体地域のように熱伝導が卓越することは稀である．なお，地殻深部になると（一般に3 kmより深部），圧力が高くなり，岩石の空隙率・浸透率とも小さく[6]（図1・7），したがって水の関与も少なく，熱伝導が卓越する．地下は深部になると高温になるので，地下深部はどこでも（火山地域でなくとも）高温であり多量の熱が貯えられている．しかし，水による熱の輸送がないので熱はそこに留まっているだけで，熱伝導によるわずかな熱の上昇はあるが，大部分の熱はそのままでは利用できない．そこで，高温の岩体中に掘削した坑井に人工的に水を圧入して，坑井周辺の高温岩体中に人工的に割れ目をつくり，そこに水を注入して，熱い岩体で温められた水を別の坑井から取り出し発電に使おうとする考え方「高温岩体発電」研究が世界各地で行われたが，現状では，技術的には可能だが経済性あるいは技術上未解決な点が少なくなく，研究段階にとどまっている．ただ，地下深部に貯えられている熱エネルギー量はばく大であり，やがてはこれらの課題は解決され，人類が利用できるようにな

1.3 地熱系（地下の熱システム）の分類

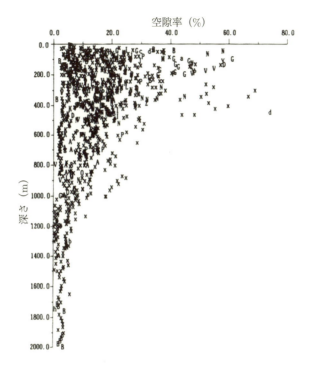

図1・7 空隙率（％）と深度（m）の関係（矢野ほか，1989）

るだろう．今後の研究進展を期待したい．

(ii) 堆積盆地型地熱系

空隙率の大きい堆積盆地内に貯えられた地下水が地下深部から供給される伝導的な熱（地殻熱流量）によって加熱された熱水の賦存地域．ただし，熱水は流動していない（図1・8）．したがって，熱水は存在しているが，熱の流れは熱伝導のみである．日本では平野部における深層熱水と呼ばれるものが相当している．アメリカでは

1　地熱ってなあに

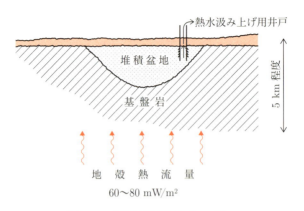

図1・8　堆積盆地型地熱系のモデル

メキシコ湾北部の堆積盆地深部（0～7 km）に岩圧に近い高圧の状態で存在しており，同時に水溶性メタンも含まれている．温度も4 km深程度で150～230 ℃と高温である．岩圧型地熱資源と呼ばれる．ハンガリーのパンノニアン盆地地下にもこのような地熱系がある．

(iii) 天水深部循環型地熱系

　地殻熱流量が通常か通常よりやや高い程度（60～80 mW/m²）であるが，天水が地下深部（0～数km）まで浸透し，周辺岩体によって温められ，深部にまで達している断層等の破砕帯を上昇し，地上では温泉として流出しているような地熱系（図1・9）．非火山地域の温泉はほとんどがこれに分類される．この地熱系の特徴は，地表で温泉が直線状に配列していることがよくあり，深部にまで到達している断層の存在が予想される．また，二つの断層が交差している場合には，孤立的であるが優勢な温泉湧出がみられる場合がある．例として，わが国では長崎県五島列島の福江島荒川の温泉，福岡県の二日市温泉，外国では中国福建省の福建地域（花崗岩の割れ目から

1.3 地熱系（地下の熱システム）の分類

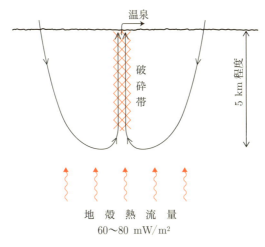

図1・9 天水深部循環型地熱系のモデル

湧出）の温泉[7]，ニュージーランド北島のオークランド市近傍のワイウェラ温泉[8]がある．これ以外にも世界各地に火山とは無関係のこのタイプの温泉は多い．

(ⅳ) 熱水卓越型地熱系

マグマ溜り（高温であれば，固化していてもよい）から供給される熱（主として熱伝導）が存在し，これによって地下に浸透した降水が温められ熱水対流現象を起こしているもので，地下において流体はほとんど液体であるような地熱系（図1・10）．第四紀（いまから260万年前以降の新しい地質時代）の火山地域の地熱系はほとんどこのタイプである．わが国では大分県八丁原地熱地域，鹿児島県大霧地熱地域等が挙げられる．ニュージーランド北島のワイラケイ地熱地域，フィリピンのマクバン地熱地域もこれに含まれる．この地熱系では，地下の流体は液相であるが，ここに掘削することにより，高温の圧

1 地熱ってなあに

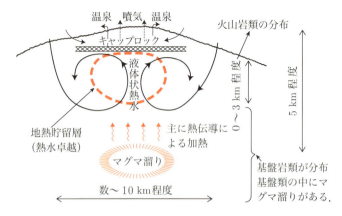

図1・10 熱水卓越型地熱系のモデル

縮水が自然に上昇し，ある深度で沸騰し，気液二相流体となる．気液二相流体は地上で気液分離され，蒸気はタービンに送られ発電に使われる．分離された熱水は還元井で地下に戻される．

(v) 蒸気卓越型地熱系

熱水卓越型地熱系と基本的に同じ成因であるが，地下における水は気液二相であり，ここに掘削すると気液二相で坑井内を上昇し，次第に熱水は蒸気化し，地上では蒸気のみが得られる．したがって，気液分離する必要がなく，還元井も必要なく，発電には有利である．

この蒸気卓越型地熱貯留層は上面に不透水性のキャップロックがあるが，貯留層の横方向にも不透水性の地層が存在している場合が多い（図1・11）．このように，このタイプの地熱系では，供給される熱に比べ相対的に降水の補給が少ないために，地熱貯留層はより加熱され，地層中で気液二相になっていると考えられる．地熱開発の初期には地上で気液二相では発電に使えず，蒸気単相でなければ発電には使用できないと考えられていたので各国とも最初に建設さ

1.3 地熱系（地下の熱システム）の分類

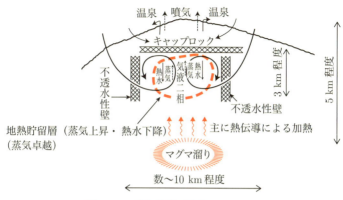

図1・11　蒸気卓越型地熱系のモデル

れた地熱発電所はこのタイプであった．日本では岩手県の松川地熱発電所，イタリアではラルデレロ地熱発電所，アメリカではガイザーズ地熱発電所，インドネシアではカモジャン地熱発電所が蒸気卓越型の地熱発電所である．初期につくられた大規模蒸気卓越型地熱発電所は，熱の供給は十分だが降水による涵養が相対的に少ないので，発電に伴って蒸気量が減少し，いずれも発電量の減少に悩まされている．そこで，人工的な涵養が試みられ，一時的には回復する例が知られている．

(vi) マグマ性高温型地熱系

　マグマから放出される高温の火山ガス（マグマ水．主としてH_2O）と地表から浸透した降水が混合し，高温の気液二相状態の貯留層（火山熱貯留層ともいう）が形成されており，地表においても200 °Cを超える高温噴気がみられるような地熱系（図1・12）．貯留層の水の状態が蒸気卓越型地熱系と同じ気液二相であるが，蒸気卓越型では，蒸気上昇・熱水下降というカウンターフローが生じているが，

1 地熱ってなあに

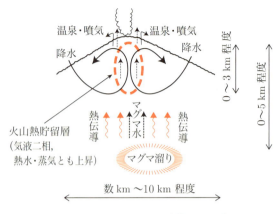

図1・12 マグマ性高温型地熱系のモデル

マグマ性高温型地熱系では，蒸気・熱水とも上昇している場合がある．わが国では大分県の九重火山中心部の九重硫黄山高温噴気地域が挙げられる．また，ニュージーランド北島の北東沖のホワイトアイランド火山中心部の高温地熱系，アイスランドのクラブラ火山の地熱系もこのタイプに含まれる．いずれも活火山中心部の高温の地熱系である．アイスランドのクラブラ火山のマグマ性高温型地熱系では地熱発電所が建設されている．なお，クラブラ火山ではマグマの移動に伴って蒸気井からマグマが噴出したことも知られている．このような活火山中心部のマグマ性高温型地熱系の発電利用は将来の課題である．この場合，熱を利用しながら火山防災にも貢献できる．これについては第3編で述べる．

1.4 地熱系の熱源としてのマグマ溜り

(i) マグマ溜りの発見

地熱系の熱源であるマグマ溜りはどのように検出できるだろうか．地下数km以深にあるために地球物理学的手法がとられる．電磁気的手法あるいは重力的手法も援用されるが主として地震的手法が適用される．ここでは典型的な例を紹介する．ハワイのキラウエア火山である．ごく最近2018年のゴールデンウイーク期間中に活発な噴火活動が発生し，畑や森林だけでなく，住宅や道路を流れる黒くまた赤い溶岩に覆われる光景をテレビでご覧になった方も多いだろう．さて，この火山の下はどうなっているのか？ マグマ溜りはどこにあるのか？

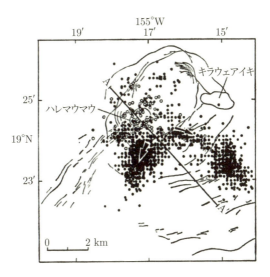

図1・13(a) キラウエア火山の地形と震央（・印）

1 地熱ってなあに

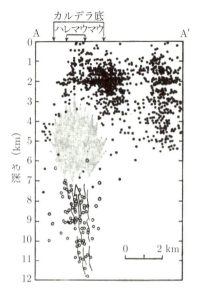

図 1・13(b) キラウエア火山の地形,震源とマグマ溜り(荒牧・横山,1979)

 キラウエア火山では早くから地震的手法から地下数 km にマグマ溜りがあることが知られており,図 1・13(a)および(b)のような結果からマグマ溜りの存在が推論されている[9].図 1・13(a)はカルデラ地形・断層と震央が示されている.図 1・13(b)は図 1・13(a)の A-A′の断面図である.(a)はカルデラ全体および南東部に地震が発生していることを示している.(b)の断面図をみるとその意味するところが明瞭となる.地表から 3 km 深程度まで地震活動(●印)が活発であるが,3〜7 km 深程度は地震空白地域となっている.そして,さらに 7〜12 km 深程度に帯状の地震活動(○印)がある.●印は普通の地震(初期微動 P 波および主要動 S 波ともに明瞭)である.○印は短周期成分の少ない地震(地震波の中に短周期成分がみられず,

1.4 地熱系の熱源としてのマグマ溜り

結果としてヌラヌラとした長周期成分が卓越する．S波が消失している場合もある）である．このような地震波形はそれが伝わる途中に高温で軟らかいかあるいは融けている液体状の部分を通過した場合に出現するものである．

そのように考えると図1・13(b)の意味はわかりやすい．地表から3km深程度までは岩石は硬く普通の地震（岩石の脆性破壊）が起こっている．地震空白地域はマグマ溜り（灰色の部分）が存在し，液体岩石は脆性破壊しないので地震は発生しない．7km以深の地震（もともとの地震そのものは普通の地震と同じくP波S波とも明瞭）は地震空白地域（マグマ溜りが存在）を通過するため地震波が減衰を受け短周期成分が欠けている，あるいはS波が欠けている．すなわち，地震空白地域（断面図では深さ3〜7kmで，長さ4km程度）に幅3km程度の水平的規模で広がっている．もちろん断面図の直交方向にも広がっており，マグマ溜りの形状は三次元的な構造（4km × 3km × 3km程度）をしている．

(ii) マグマ溜りの冷却

他の火山でもマグマ溜りの存在が推定されている例は多いが，以上の議論からも，地熱系の下にはその熱源となる可能性のあるマグマ溜りがあることが十分予想されるだろう．一方，大規模な地熱地域の場合，数十万年にも及ぶ地熱活動の継続が知られているが，そのような長期間地熱系を維持するためにはどの程度の規模のマグマ溜りが必要だろうか．

マグマの熱的活動期間（冷却が始まっても300℃程度以上が維持される期間）を推定するための簡単な見積りは，地下数km深に形成された一定の大きさのマグマ溜りの伝導的冷却過程をみるのがよい．そこで，ある直径の球状のマグマ溜りが地下数km深に定置された

1 地熱ってなあに

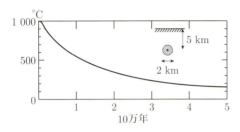

図1・14 マグマの伝導的冷却の計算例（球状マグマ溜りの中心温度）

あとのマグマ溜りの冷却をみてみることにしよう．

　図1・14に一例を示した．これは直径2 kmの球状のマグマ溜りが，その中心が地下5 kmに定置されたあとのマグマ溜り中心温度の変化を示したものである．初期温度1 000 °Cのマグマ溜りの中心が300 °C以上を維持できるのは30万〜40万年程度であり，この程度の規模のマグマ溜りがあれば通常の規模の地熱活動は十分維持できる．したがって，深さ5 km程度に，直径2 km以上の大きさをもつマグマ溜りがあれば，数十万年間という長期間，十分地熱活動を維持できるということである．なお，マグマ溜りには，非噴火時にはマグマが継続的に供給される例が少なくなく，この場合であれば必ずしも大きなマグマ溜りは必要ないことになる．

1.5　地熱エネルギーを地下から取り出すには？

　以上では，火山の地下数km深に高温のマグマ溜りがあり，さらにその上部地域の地下1〜3 km深に，200〜350 °C程度の圧縮水からなる，高温高圧の地熱貯留層が形成されていることを述べた．さて，この高温高圧の水をどのように地上に取り出して，どのように発電に結びつけるのだろうか．

1.5 地熱エネルギーを地下から取り出すには？

　地表で地熱貯留層を探すために種々の調査（地質学的探査・地球化学的探査・地球物理学的探査；詳細は2編2・1で説明する）を行い，地下がどのような地質構造で，熱源としてのマグマ溜りがどこにあり，降水がどのように地下に浸透し温められ，どこにたまっているかのイメージをまず作成する．地熱系の概念モデルの作成である[10]（図1・15）．地熱系概念モデルの妥当性を確認し，さらに温度などを数値的にも明確化するために，推定地熱貯留層に向かって掘削を行う．

　掘削は次のように行われる．一般に地熱貯留層を構成する個々の断裂（多くは断層）構造を三次元的に明らかにする（地図上の水平的位置および深さ）．その後，予定掘削井周辺地表面の整地をまず行う．そこへリグと呼ぶ掘削装置を据え置く（図1・16．藤貫秀宣氏提供）．リグの基本構成は図1・17に示した．リグの操作は次のようである[11]．

　サブストラクチャー上にあるロータリーテーブルを回転させ，ケリーを回転させる．ケリーの下には，掘削用パイプ（掘り管）がツー

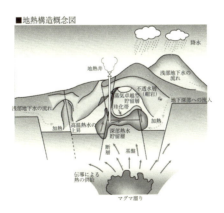

図1・15　地熱系概念モデルの例（九州電力，2012）

1　地熱ってなあに

図1・16　リグ実物（藤貫秀宣氏提供）

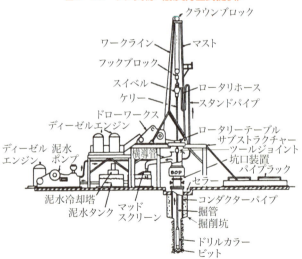

図1・17　リグ構成図（安田，1982）

1.5 地熱エネルギーを地下から取り出すには？

ルジョイントと呼ばれる強いねじでつながれている．そして掘管の下に，重いドリルカラーが接続されており，これにビット（刃）が取り付けられ回転しながら岩石の掘進が行われる．掘り屑（ビットにより砕かれた岩石の細かい粒）はビットの先端から噴出する掘削泥水により，掘管の外周と掘削坑との間隙から地上に運び出される．より深い井戸を掘るときには，掘削を数段階に分け，浅部ほど坑径が大きく，ある深度まで掘り進むと，いったん掘削を止め，掘管内部からセメントを流し込み，掘管と外側地層の間の隙間をセメントで満たし，固化させる．この作業をセメンチングという．このように浅部の掘管を周囲の地層に固定したあと，浅部の坑径より小さい坑径でさらに深部を掘り続ける．このような掘削に伴い，計画する掘管の段階的構成をケーシングプログラムという．ケーシングは一般に，浅部ほど坑径が大きく，深部ほど小さく，3〜5段になっている[11]．

地熱エネルギー利用の代表的なものはこれまで述べてきた発電利用であるが，実は発電ではなく熱としてそのまま利用する直接利用の分野も重要である．特に，地熱エネルギー利用を地域の視点から捉えた場合，発電そのものより場合によっては重要である（地域での農林水産物の育成および乾燥果物などの高付加価値化に利用できる）．

地熱エネルギーの多くは，上述したようにマグマ溜りなどのような特別な火山性熱源によってもたらされたものである．しかしながら，これらとは別に「地中熱」と呼ばれる熱がある．これは特別の熱源があるわけではないが，仕事をすることができるという意味で重要な地熱エネルギーの一つである．

地下十数m以深の地温は，年間を通してほぼ一定で，冬では地下の方が地表より 10 ℃程度高く，夏では地下の方が地表より 10

1　地熱ってなあに

℃程度低い．この温度差を利用して暖房や冷房を行うというのが
地中熱の主要な利用法である．その際，必要な温度を得るのにはそ
のままでは不十分なことが多く，ヒートポンプを介して温度を上げ
たり下げたり（熱を捨てたり）して必要な温度を確保している．

　なお，次からは，地熱エネルギー利用のうち，地熱発電に絞って
紹介する．

❷ 地熱資源の探査・評価と地熱発電

2.1 地熱をどのように探すのか？

　地熱系，さらに突き詰めて地熱貯留層を探すにはどのようにするのであろうか．地熱系では，多くの場合，降水（地表水あるいは天水ともいう）が重力の効果で地下に浸透する．一方，地殻深部には熱源としてのマグマ溜りがあるので深部ほど温度が高い．このマグマが地上に出てくれば噴火である．しかし，噴火は数十万～100万年という火山の長い寿命のなかで一瞬のことであり，大部分の期間は動かず，その熱を周囲（主に上部）に放出し，周辺岩石の温度を高めている．したがって，地下深くに浸透した降水は次第に温められる．温められると水は膨張し，軽くなる．軽くなった熱水は浮力を生じて，今度は一転上昇する．透水性の良い地層ほど温められた熱水が上昇しやすい．上昇した熱水は地殻上層にふたがあるとそれ以上上昇できず，そこに留まる．地熱貯留層の形成である．

　ふたの形成には主に三つのメカニズムがある．一つ目は熱水が自ら形成するものである．深部で高温になった熱水は，周囲の岩石の一部を溶かし込んでいる．熱水は上昇するにしたがって温度が低下する．温度が低下すると熱水中に溶け込んでいた岩石の微粒子は飽和し，熱水中から分離析出する．析出した微小な岩石粒子は周囲の岩石中の隙間に入り込み，隙間を埋めて，水を通しにくくする．ふたの形成である．このふたのことをキャップロック（帽岩ともいう）

という．また，このプロセスを自己閉塞作用という．二つ目は次のようなものである．上昇する熱水は酸性〜アルカリ性である．したがって，熱水は岩石を変質させ，さらに粘土化する．粘土は一般に水を通しにくい．ふたの形成である．それゆえ，粘土化変質帯とも呼ばれる．三つ目は地殻上部にもともと水を通しにくい泥岩層などがある場合である．ふた形成の原因は単独の場合もあれば複合していることもある．

いずれにしても上昇した熱水はふたに遮られ，そこに留まることになる．多くは1〜3 kmの深度である．一部は横方向に流れるものもある（側方流動という）．このふたは地表からの冷たい降水の浸透を防ぐ役割ももっている．ふたによって熱水が貯まっている所が地熱貯留層である．熱水が上昇する地層の多くは透水性が良く，高角の断層の場合が多い．

したがって，地熱貯留層を探すとは，この「透水性の良い構造の中の温かい水の貯まっている場所」を探すことになる．なお，この貯まっている熱水は，多くの場合圧縮されており（圧縮水と呼ぶ），圧力は静水圧よりも高い．この部分に掘削すると，熱水は坑井中を自然に上昇し，温度がすこし下がるが圧力が大きく下がる．坑井を上昇する高温の熱水はどこかの深度で沸騰を始め，液相（熱水）と気相（水蒸気）の混じった気液二相となり，さらに上昇を続け，地表の坑口から勢いよく噴出する（その速度は200 m/sを超えることがある）．これをセパレータ（後述）で気液分離し，分離された蒸気はタービンに送られ発電に使われる．一方，熱水はそのまま地下に戻されるか清水と熱交換し，直接利用されたあと，地下に戻される．なお，地熱探査に基づく地熱資源量評価の標準的な流れの概要は次のようである．

2.1 地熱をどのように探すのか？

　まず，空中から概査が行われたあと，各種の地表地熱探査（地質学的・地球化学的・地球物理学的）が行われる．そして，それらを確認するため井戸の掘削が行われ，地下の構造および熱と流体の流れに関する地熱系概念モデル（地下の地質構造とそこにおける熱と水の流れに関するイメージ）がつくられる．さらにその概念モデルに基づいて地熱系数値モデルが作成され，これによって資源量評価（発電量予測）が定量的に行われる．

　さて，次に地熱貯留層の地表からの探査法について述べる．主に三つの手法があり，地質学的探査法，地球化学的探査法，および地球物理学的探査法である．探査は一般的には，広域（数百 km² 程度）から始まり，次第に有望地域（最終的には数 km² 程度）を絞り込んでいく．広域調査法としては，初期の段階では，衛星や航空機，ヘリコプター等を使った空中探査法がある．次では，空中からの概査について概要を説明し，そのあと，一定の地域が絞られたあとの地上調査を述べる．

(ⅰ) 空中からの探査法

　広い調査地域に対して，均質のデータを短時間で安全かつ容易に取得できるという点から空中探査法の果たす役割は大きい．全く新規の調査地域の場合は特に有効である．各種の地表調査が進展しているわが国のような場合でも，従来自然公園（国立・国定公園）の特別保護区や特別地域内では地表調査がむずかしかったが，空中からの探査は地表地形の改変等を避けることができ有効な手法と考えられる．もちろんヘリコプター等による比較的低空からの調査の場合は，オオタカなど猛きん類の貴重な野鳥の生息，特に営巣活動などに影響を与えないような工夫がなされている．

　空中からの調査も調査用のセンサーを搭載する飛行体の飛行高度

2　地熱資源の探査・評価と地熱発電

（したがって，取得されるデータの地表分解能）によって分けられる．高高度から人工衛星利用，航空機利用，ヘリコプター利用，無線操縦模型飛行機（近年では特にドローン）利用などが考えられる．

　まず，人工衛星によるリモートセンシングがある．現在，世界各国は種々の地表探査目的で各種の人工衛星を打ち上げている．アメリカのランドサット（Landsat），フランスのスポット（SPOT），日本のアスター（ASTER）などである．それらは一般に測定目的が異なっているが，同種のデータでも測定される波長あるいは地表分解能が異なっており，注意を要するとともに相補的に利用していくことが重要である．これらの衛星では多波長帯の画像が取得される．そして，この画像に対して比演算処理などの画像処理を行い，必要な情報を取り出すことになる．地熱に関する情報としては，リニアメント（線状構造）の抽出，熱水変質帯の抽出，高温異常の検出などが考えられる．

　リニアメントの抽出においては画像データから線状構造を抽出する．地熱貯留層構造，特に地熱流体の流動は断層・割れ目等の線状の断裂に規制されていることが多いからである．もちろん，空中から見える線状構造が単なる見かけ上のもので地下の流体流動に関与していないものも多数あるわけで，地上調査（グランドトルースともいわれる）あるいは従来の経験等を通じて真に地熱流体の流動に関するものを抽出していく必要がある．したがって，この解析には経験が特に必要である．

　熱水変質帯の抽出も重要な作業である．熱水と岩石の反応により岩石（実際にはそれを構成する鉱物）中に新たな熱水変質鉱物が形成される．そして，これらは特有な光学的反射特性を示すことが知られており，鉱物種に応じて特定の波長帯で強い反射が期待される．

2.1 地熱をどのように探すのか？

熱水変質鉱物を含む各種鉱物の反射特性の研究と合わせ，空中から変質帯の広がりだけでなく，変質の種類の識別が可能な場合もある．山岳地帯など地表調査が困難な場合，衛星からの調査は特に有効である．

　赤外線を利用した熱映像調査は，熱異常を直接的に検出することができ地熱探査としてはきわめて有効な手法である．ただし，昼間に得られるデータの場合，太陽放射の影響の補正，あるいは大気中の水分の補正を行うなど，各種の補正が必要である．このような問題に対し，地熱異常のない地点と地熱地域との温度を比較し，その差をとることによって地熱活動のみに起因する地熱異常を検出する手法も考案されている．赤外映像データから得られるものは地表からの赤外線強度であるが，適当な変換を行うことによって地表面温度に戻すことができ，さらに地表面付近の接地気象の考察に基づき，熱輸送過程を推定し，温度だけでなく放熱量を推定することが可能である[1]．放熱量は当該地域の地熱活動の規模を定量的に示すだけでなく，地熱系の数値シミュレーションにおいて，地表面における境界条件を与える量ともなる重要な観測量である．

　次に，航空機（ヘリコプターを含む）に搭載したセンサーからの探査法について述べる．航空機による探査法は人工衛星に比べ，飛行高度が低く一般に空間分解能が高い．

　まず，レーダ映像法が挙げられる．これは，航空機からマイクロ波を発射しその反射強度を測定し，特にリニアメント抽出あるいは地層境界の検出に使われる．また，SAR（Synthetic Aperture Radar，合成開口レーダ）と呼ばれる手法では，繰返し観測により標高の時間的変化を検出できる．なお，この手法は人工衛星にも搭載して利用される．

2 地熱資源の探査・評価と地熱発電

　空中写真法は従来から使われてきた方法であるが，近年も使われており，地質図の作成，リニアメントの検出，変質帯検出等に使われる．また，近接した2枚の写真を用いて，強調した立体視をすることによって，高度差を強調して表現でき，断層の検出に有効である．

　航空機を利用した空中赤外映像法もしばしば使われる．地熱徴候分布図，地表面温度分布図，さらには地表から多くの地熱地域の放熱量を短時間で推定することができる．

　空中磁気探査法では航空機に搭載した磁気センサーにより任意の高度の磁気分布を測定し，標準磁場を差し引くことによって磁気異常を検出し，地下における磁性体分布を明らかにする．火成岩は多くの場合，強磁性鉱物であるマグネタイトを含んでおり，それによる磁気異常分布から火成岩体の分布を明らかにする．また，火成岩は熱水変質を受けることにより強磁性から常磁性に変化することから，火成岩体中での変質帯の発達に関する情報を得ることもできる．さらに磁気異常分布図に，キュリー等温面法を適用することにより，磁気が消失する深度（火成岩に多く含まれるマグネタイトであれば580℃程度に相当）を推定することができる．日本列島全土で得られたキュリー点等温面分布より，日本列島の火山フロント背後でキュリー点深度が浅くなっている（高温になっている）ことが明らかにされている．これは，地殻熱流量が火山フロントを境に急上昇していることと日本列島規模ではよく一致していることを示す[2]．

　空中電磁法では，航空機に搭載した磁場および電場のセンサーで磁場および電場を測り，地下の比較的浅部の比抵抗構造を明らかにする手法である．わが国において適用例は少ないが，近年，九州地方や東北地方・北海道地方の自然公園内の地熱資源調査が行われており，新たな地熱資源が発見されつつある（図2・1）[3]．

2.1 地熱をどのように探すのか？

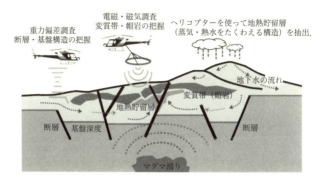

図2・1 ヘリボーン調査のヘリおよび観測機器（JOGMEC，2018を一部加工）

　重力探査は主として地上で行われるが，資源探査を目的として空中から重力探査も行われるようになってきた．重力探査は特に，基盤岩の形状把握や断層検出を目的として用いられるが，近年，重力勾配を空中から直接検出することが可能となり，九州地方や東北地方・北海道地方の自然公園内で実施され，新規地熱開発地点創出に力を発揮している．そのような有望な地点に数本の1 000 m深程度の 調査井（ヒートホール）を掘削し，同時に温度情報の取得が始められている．これらによって，従来，調査が行われなかった地域（特に自然公園の特別保護区・特別地域）から，新規地熱開発地点が創出されることを期待したい．

(ii) 地上からの地質学的探査法

　地質学的探査とは地質層序（異なる地層の重なり方）の解明，変質帯の分布調査，断層分布の調査，火成岩の生成年代測定等である．地質学的探査ではまず，対象地域の入った国土地理院の地形図などを準備し，露頭がある地点で，その位置を地図（最近では，インターネットを利用して，グーグルマップが使用可能）に記入（携帯型GPSで

2 地熱資源の探査・評価と地熱発電

位置・標高を決めることができる），岩石の名称を記すとともに，その地層の走向・傾斜を測定するためのクリノメータを用いる．また，露頭のスケッチを行う[4]（図2・2）．地層を構成する岩石の組織を詳しくみるためのルーペ（拡大鏡）も用いる．対象地域内の多くの地点でこのような露頭調査を行い，マップに記入する．その結果，平面的な地層の分布図が作成される．いわゆる地質図と呼ばれるものである．これによって地層の重なり具合もわかり，特定の断面に関する地質断面図が作成される．

地層の中には，もともとの岩石ではなく，そこを熱水が流れることによって，一部の鉱物が別の鉱物（変質鉱物）に変わっている場合がある．これを地熱変質（または熱水変質）といい，地熱資源の重要な指標である．変質した岩石には白色の白色変質帯と緑色の緑色変質帯がある．関与する熱水のpHが酸性の場合は白色変質になり，pHが中性～アルカリ性の場合に緑色変質となることがわかってお

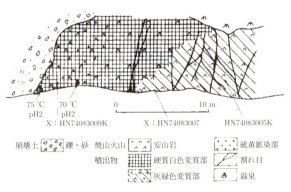

安山岩の露頭があり，左側は熱水変質しており，温泉も湧出している．
図2・2　地質調査時の露頭スケッチ（高島ほか，1978）

2.1 地熱をどのように探すのか?

り，その地熱系に関与している水が酸性か中性〜アルカリ性かが判断される．これによって発電などで熱水を利用する場合の有力な情報源となる（地熱発電では，材料の耐食性の観点から酸性より，中性〜アルカリ性の水が望ましい）．熱水変質調査は掘削で得られた地下の岩石についても適用される．これまでの多くの研究から，変質鉱物の形成は，温度およびpHによって決まることが知られている[5]．すなわち，特定の変質鉱物が存在すれば，変質に関与した熱水（地熱貯留層中の熱水）のpHや温度が推定される．

地層中には多くの断層（地層のずれ）がみられる．地殻活動が活発な火山地域・地熱地域では特に多い．この断層は熱水の通り道になるものであるから，地熱発電においては特に重要な情報となる．地上の多くの地点で，地層の走向と傾斜をクリノメータで測定することができ，それをマッピングする．それによって，地上では断層の露頭が断片的であっても，大きな（長い）断層の一部と認識できる場合がある（大きい断層は一般に深部にまで到達している可能性が高い）．たくさんの断層の走向の統計的分布を調べれば，その地域で卓越する断層の方向が知られる．同時に断層の傾斜も測定できれば，正断層・逆断層あるいは横ずれ断層かどうかが判定でき，断層が形成された当時の応力場を知ることができる．開口性の断層が見いだされれば，熱水上昇にとって好都合である．

岩石（特に火成岩）の生成年代を放射性年代測定法で測定すれば，その地域での火山活動の年代が推定される．これまでの研究から，火成岩の生成年代がいまから100万年以内程度であれば，現在地下に地熱発電が可能な優勢な地熱貯留層が存在することが知られており，開発初期に地熱発電適地かどうかの判定に使えることになる．

以上のように，地質学的探査（掘削調査を含めて）からは，火成岩

2 地熱資源の探査・評価と地熱発電

生成年代を含めた地下の地質構造や卓越する断層構造, 熱水による変質の有無, さらに地熱貯留層の熱水の化学的性質などを知ることができる.

(iii) 地上からの地球化学的探査法

次に, 地球化学的探査について記す. 地熱地域では地表から温泉や噴気が出ていることが多い. また, 掘削によって地下の熱水が地上にもたらされる. これらの温泉水, 噴気, 熱水の化学分析を行い, 各成分の含有量を決定し, 地上で得られた温泉水, 噴気, 熱水との相互関係を調べ, 起源的な熱水成分からどのような過程を経て, それぞれの温泉水, 噴気, 熱水が形成されたかを知ることができる.

また, 地上で測定した化学成分濃度あるいは化学成分比から, 地下における熱水の温度(地熱貯留層の熱水の温度)を推定できる地化学温度計法という有用な手法がある. これにはシリカ温度計やアルカリ比温度計がある. 岩石中の主成分はシリカ(Si)であるが, 地下に浸透した降水は温められると岩石からSiを溶かし出し, 酸素と結合したSiO_2を形成する. この含水中のSiO_2は, 地下の温度が高いほど熱水中に多く溶け出すことが実験的に知られており, SiO_2含有量から地下における温度を推定することができる. これをシリカ温度計法という[6]. なお, この手法では, 深部の熱水が上昇途中で冷たい雨水と混合することがないことを仮定している.

さらに, 熱水中のアルカリ(Na, K, Mg, Ca)比が熱水温度と関係していることが室内実験およびフィールド観測から知られており, それらの成分比から地下の温度を推定できる. 例えば, Na-K-Ca温度計が知られている[7].

シリカ温度計法およびアルカリ比温度計法ともに, 地上における熱水の化学成分濃度あるいは化学成分比から, 地下における温度が

2.1 地熱をどのように探すのか？

推定できるという便利な手法であり，地熱開発初期の地下の温度が十分知られていない時期に，地熱貯留層の温度が推定されることになり，特に有用な情報となる．ただし，この方法の適用には十分注意が必要である．この手法の前提として，地下深部では，熱水（貯留層中の水）と岩石（貯留層を構成する岩石）は十分長時間化学的平衡状態にあり，また地下深部から地表に出てくるまでに，浅部の地下水との混合などがないことなどを仮定している．最後に地球物理学的探査法について記す．

(iv) 地上からの地球物理学的探査法

地球物理学的探査法は，電気，磁気，電磁気，重力，地震などの物理量の測定から地下の構造・状態を明らかにする手法であり，それぞれ地下の物理的属性（電気伝導度あるいは比抵抗，帯磁率，密度，地震波速度など）の分布を明らかにする．それらの物性から，地質，透水性，岩石物性，温度などの岩石あるいはそれに含まれる熱水の特性を明らかにするものである．

地熱地域の地球物理学的探査法でよく使われる手法は電気的手法および電磁気的手法である．いずれも地下の電気伝導度（あるいは比抵抗．比抵抗は電気伝導度の逆数）を明らかにする手法である．電気的手法は比抵抗法ともいわれ，地下に電極を打ち込み，電気（I）を流し，その結果地表で観測される地電位差（E）を地表の多くの地点で測定し，見掛けの比抵抗 $R = E/I$ を求め，この空間的分布を使って地下の層構造を仮定し，比抵抗の深さ分布（層構造）を求めるものである．地層が高温である場合や，水を含んでいる場合は比抵抗が小さく，割れ目の少ない硬い岩石は多くの場合比抵抗が大きく，また割れ目に水が貯まっている場合は，比抵抗は小さくなる性質がある．

2　地熱資源の探査・評価と地熱発電

　地熱地域では，地熱貯留層最上部には難透水性の変質帯のキャップロックがあり，その下には硬い岩石があり，硬い岩石中の一部に高角（傾斜が垂直に近い）の割れ目の多い断層が発達している．したがって，変質しているキャップロックでは比抵抗が小さく，その下には比抵抗が大きい岩石が存在し，その中にやや比抵抗が小さい，高傾斜の断層（熱水を含む）があると理解されている．多くの場合，断層は複数（断層群）で構成され，地熱貯留層を構成していると理解されている．

　電磁気的手法では自然的に発生しているあるいは人工的に発生させた地電流と地磁気の変動を多くの地点で同時に観測し，このとき，電場と磁場の比が地下の比抵抗の関数であり，やはり地下の比抵抗の層構造を得ることができる．近年，比抵抗の分布を二次元さらに三次元的に解析できるようになっている．火山・地熱地域では一般に地表地形だけでなく，地下構造も複雑であり，三次元的解析をしないと正しい結果が得られない場合が多い．本来，三次元的な構造を便宜上二次元的あるいは一次元的に解析すると，偽像と呼ばれる本来の構造とは異なった地下構造が描き出され，地熱貯留層構造を誤解してしまうことが生じるので注意が必要である．

　このように，地下の比抵抗あるいは電気伝導度分布は地熱貯留層の地質・割れ目・流体の有無・温度などを反映したものであり，地熱探査では必ず適用される．最近は地磁気と地電流を同時に測定する地磁気・地電流法（MT法）の適用が多い．これは，比抵抗法に比べ，MT法の方が一般により深い所までの探査が可能だからである．

　電気的手法および電磁気的手法の次に地熱探査として取り上げられるのが重力法である．重力を測定することによって，地下岩石の密度分布を知るものである．断層があるとそこで地層がずれ，水平

2.1 地熱をどのように探すのか？

的に密度が大きく変わり，したがって重力が水平的に大きく変わる（重力勾配が大きいとも表現される[8]）．このように重力法は地下の密度分布を明らかにすることができるが，特に地熱地域で重要な断層構造を検出するのに適している．

MT法も重力法も地熱貯留層構造の解明に有用であるが，分解能にやや欠ける．地熱貯留層があることは推定できるが，高温の熱水が貯まっている個々の断層構造そのものを検出するには決定的ではない．

そこで，高分解能地熱探査法として近年注目されている手法が，地震探査法のうちの反射法である・従来，反射法は石油貯留層探査では標準的な手法としてよく使われてきた手法である．石油貯留層は地熱貯留層と違い，比較的水平的な軟らかい堆積岩中にある．一方，硬い火成岩が複雑に分布する火山・地熱地域では従来適用に難点があった．しかし，最近観測手法・解析手法が進展し，高温熱水を含む高角の断層検出も可能になりつつある．すなわち，反射法により断層（地熱貯留層）の直接検出が可能になりつつある．なお，反射法では地上あるいは地中に人工発振源を置き，そこから対象地域内各所に伝播する地震波を地表あるいは地下に設置した地震計で捉える．一般に地形が平たんでないと観測・解析がむずかしく，したがって経費・人員もかかる．しかし，地熱貯留層の直接検出が可能ならば使用機会も今後増えるだろう．最近のJOGMEC（石油天然ガス・金属鉱物資源機構）による技術開発では，震源に発破や含水爆薬を使用することで，大形発振車を使用しなくても山岳地で本格的な三次元反射法探査ができ，かつ調査費用算定では，調査井1本分（数億円程度）で賄えるとの見通しが立てられている．すなわち，将来反射法地震探査が技術的にも経費的にも従来の想定より使いや

2 地熱資源の探査・評価と地熱発電

すくなり，地熱貯留層探査の本命になる可能性がある．

　従来，新規の地熱貯留層（高温の熱水を含む断層）の発見確率は50％前後であったが，反射法の導入で（もちろん，MT法や重力法も併用する），発見確率が飛躍的に上がることが期待される．深さ2 kmを超える坑井掘削には数億円の費用がかかることを考えると，確実な地熱貯留層掘削は地熱発電所の建設経費削減・建設期間短縮に大きく貢献する．地熱地域で本格的な三次元反射探査法を行うには，時間・経費がかかる場合もあるので，焦点を絞った反射法適用も有効だろう（例えば，ターゲットを絞り込んで，特定の地層断面における断層の検出や，高温だが透水性ゾーンが検出されない場合，その高温井を使って坑井周辺の探査を行い，透水性断層を検出するなど）．なお，地震探査法には微小地震を観測し，その震源配列から断層状構造（地熱貯留層）を検出する手法も有効である．

　なお，地球物理学的探査法で得られるのは，地質構造そのものではなく，地質構造と温度および高温熱水の存在等を反映した各物理特性である．したがって，異なる物理量を統合的に解析し，地熱貯留層の実体に迫っていく必要がある．この地球物理学的探査法と，地質学的・地球化学的探査結果，掘削結果を総合し，地下における地質構造や熱および流体の流れに関するイメージ，すなわち，地熱系概念モデルを作成し，さらにはそれに基づいて地熱系数値モデルを作成し，地熱資源量評価につなげることになる．

2.2　地熱系概念モデルをどのようにつくるか？

　空中および地表の地熱探査結果および掘削による調査結果を統合化し，地熱系概念モデルをつくるには，各種データの異常部分などを平面図に書き込むとともに，特定の断面に関する断面図を作成す

2.2 地熱系概念モデルをどのようにつくるか？

る．数枚の断面図と平面図を組み合わせることにより，三次元的な地熱系概念モデルを作成できる．これによって，熱源（マグマ溜り）がどこに想定され，降水はどこから浸透し，温められ，どこを上昇し，どこに貯められているか，そしてキャップロック（変質帯）はどこにあり，地表のどこから噴気・温泉がどの程度流出しているかという，地熱系の全体的イメージをつくることができる．もちろん，このイメージは定性的だけではなく，温度・圧力・地表からの温泉・噴気の温度・放熱量など数値的データも加えられる（図1・15参照）．従来，このプロセスは地熱研究者・技術者が経験などに基づいて，次第に精度の高いモデル作成に携わってきたが，経験がものをいう場合も多かった．また，人が関与でき，地熱調査結果の解釈のおもしろさを感じるところでもあった．しかし，実例が増えていくなかで，AI（人工知能）を援用した客観的な地熱系概念モデル作成に移行するようになるのではないか．今後人口減少に伴い，研究者・技術者の人員が不足するなかで，熟練者だけでなく，特に若手研究者・技術者が活躍する機会が増えるのではないか．期待したいところである．

　次の段階は，この地熱系概念モデルに基づいて，コンピュータ上に地熱系数値モデルを作成し，当該地熱貯留層からどの程度の蒸気・熱水の生産であれば，長期間安定した発電が可能かを評価する．これが地熱発電をめざした地熱貯留層評価（適正な発電量規模の評価）である．

　この数値シミュレーション手法もますます精密化するなかで，AI化の流れが押し寄せてくると思われるが，どのように変化していくか楽しみな面も多い．AIでは達成できない，人間の頭脳を信頼したいところもあるが，最近の医学におけるAIによる診断をみ

2　地熱資源の探査・評価と地熱発電

ていると大きな変化を想定せざるを得ない．将来の地熱技術者には
新たな道を開拓してもらいたいものである．

2.3　地熱資源量をどのように評価するか？

　地熱貯留層評価のためには，地下の構造を知り，そこにおける熱
と水の流れを解明する必要がある．そのためには，ある地下構造の
もとでの熱と水の流れに関する数学的定式化が必要である．

(i) 熱と水の流れの現象と定式化の基礎

(1)　熱と水の流れを表す現象と基本方程式群

　　　地下の熱と水の流れを記述するためには，次のような現象を
　　定式化する必要がある．

　　①　質量保存の表現

　　　　単位時間に，ある領域内を流体（水）が流れるとき，入っ
　　　てくる流体量と出ていく流体量を比較し，出ていく流体量
　　　が入ってくる流体量より大きければ当該領域内の質量は減
　　　少する．質量の減少は圧力の低下に反映される．一方，出
　　　ていく流体量が入ってくる流体量より小さければ，当該領
　　　域内の質量は増加する．質量の増加は圧力の増加に反映さ
　　　れる．

　　②　熱量保存の表現

　　　　単位時間に，ある領域内で熱が流れるとき，入ってくる
　　　熱量と出ていく熱量を比較し，出ていく熱量が入ってくる
　　　熱量より大きければ当該領域内の熱量は減少する．熱量の
　　　減少は温度低下に反映される．一方，出ていく熱量が入っ
　　　てくる熱量より小さければ，当該領域内の熱量は増加す
　　　る．熱量の増加は温度増加に反映される．

2.3 地熱資源量をどのように評価するか？

③ 質量輸送の表現

　　物質（流体）の流れ方．地層中の流れのようなゆっくりとした流れの場合，ダルシー則に従う．ダルシー則とは，地層内のような多孔質媒体中では，流体の流速（流量）は地層の浸透率（地層中における流体の流れやすさ）と動水勾配（流体の流れに伴う圧力の変化）の積によって表される．

④ エネルギー輸送の表現

　　地層中の流体に伴う熱の流れは，熱伝導と熱対流の和であること．熱放射は温度が高くない場合（絶対温度で数百K以下）には通常考慮しない．

⑤ 状態方程式

　　流体密度の温度・圧力依存性．地球重力場での流れを想定する．熱対流が生じるのは，流体（水）が加熱されることにより膨張し，浮力を生じ，重力に抗して上昇することによると考える．

⑥ 初期条件・境界条件の設定

　　熱および流体の流れを想定するに当たって，対象領域内の最初の状態（初期温度・初期圧力・初期気液比等）を設定するとともに，領域境界において，熱および流体の出入りについて設定する（領域境界で熱の出入りがあるとかないとか，あるいは流体の出入りがあるとかないとか）．

　以上で述べた熱と流体の流れを数学的に表現し，さらにコンピュータを用い，数値的な解を得ることになる（これを数値シミュレーションというが，本書の性格上，ここでは省く（地熱工学や地熱貯留層工学の教科書がすでに発刊されているので参照されたい[9], [10]）．

41

2.4 地下の熱と水の流れをどのように解明していくか？

(i) シミュレーション全体の一般的な流れ（図2・3）[10]

　地熱貯留層評価を行うにあたっては，空中探査・各種地表探査および掘削調査によるデータ（フィールドデータ）を統合し，当該地熱系全体あるいは地熱貯留層周辺の領域にわたって，地熱系（地熱貯留層を含む）の概念モデルを作成する．それに基づいて，数値シミュレータを使い，まず自然状態モデルをつくる．自然状態モデルとは地下から地熱流体の生産・還元が行われていない自然の状態を説明する数値モデルである．この自然状態モデルを使っても，資源量（生産可能量）の評価を行うことができるが，いろいろな検証を経ていないので一般に予測精度は低い．そこで通常，精度の高い数値モデルをつくるためには，種々の検証を行う．まず実際の調査井を使っ

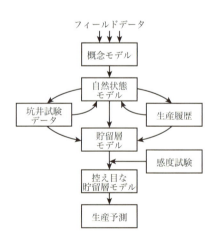

図2・3　数値モデルの作成プロセス（Bodbarsson et. al., 1986）

2.4 地下の熱と水の流れをどのように解明していくか?

て，さらに生産井・還元井を使って，坑井試験を行う.

坑井試験とは，実際に生産井から地熱流体を生産し，別の井戸（還元井）に還元したとき，貯留層内外に設置した観測井で圧力や温度の時間的変化を測定することである．それによって，貯留層変動予測において特に重要な坑井間の透水性すなわち浸透率などを知ることができる．その際，地熱発電所建設直前期のように必要な生産井・還元井が複数準備され，すべての生産井・還元井を稼働させて行う比較的長期（6か月程度）にわたる一斉噴気還元試験のような大規模なものもあるが，1本の生産井と1本の還元井を用い，単純な生産還元試験に伴う周辺観測井における温度や圧力変化の観測を行う場合もある．あるいはもっと簡便に，特定の1本の生産井あるいは還元井を使う場合もある．生産井の場合であれば，坑井内の地下水面以浅の空隙部分に水を満たして加圧し，その水位変化（あるいは坑底圧力）の時間的変化から坑井周辺の浸透率を評価する坑井試験もある．このように坑井試験から求められた坑井周辺および貯留層内の浸透率分布などを使うことでモデルの精度を飛躍的に高めることができる．しかし，短期間（1か月程度）の生産還元試験期間では，生産還元の影響を将来にわたってみきわめるには限界があり，当初想定される発電所稼働全期間に相当する長期間（30年〜50年間）の予測が行われるが実際にはむずかしい（不確実）といわざるを得ない．このような事情から，予測には一定の限界があることを理解しておく必要がある．それをできるだけ避けるためには，地熱貯留層を含むかなり広い範囲の透水性を知る必要がある.

ところで，発電所運転開始後，貯留層の温度・圧力の経時変化データ（生産還元履歴）がある場合には，より長期間のデータを使うことができることになる．すなわち，より長期間の生産・還元に伴う

2　地熱資源の探査・評価と地熱発電

地熱貯留層のレスポンス（貯留層の温度・圧力履歴等）を説明できる貯留層モデルに改良することによって，より正確なそのあとの予測のできる貯留層モデルに仕立て上げていくのである[11]．このような数値モデルを一般には「貯留層モデル」と呼んでいる．すなわち，検証を受けた数値モデルという意味である．しかしながら，そのような数年間以上の生産・還元履歴があったとしても，それより長い期間(数十〜100年程度)の予測には，常に限界がついて回る．したがって，貯留層モデルには完成というものがなく，発電所が継続して運転されるかぎり，履歴データを更新し，常に新しい改良モデルに基づいてその後の予測を試みていく必要がある．それによって持続可能な発電が保障されていく．

　実は，ある段階で「貯留層モデル」ができたとしても，実はまだ任意性（不確定性）がなくなったわけではない．「貯留層モデル」を満たす貯留層パラメータには一定の幅がある．すなわち，一定の範囲のパラメータであれば観測精度内で「貯留層モデル」を満たしている．

　例えば，地層の浸透率の場合を考えてみよう．コンピュータ上での数値実験により，一定の範囲内の浸透率であれば履歴データを説明できてしまうことがある．浸透率を変えても予測結果が変わらない場合が生じうるのである．このようにあるパラメータ（この場合は浸透率）を変化させたとき，予測結果にどのような影響を与えるかを評価することが必要となる（感度試験という）．このように重要なパラメータ（例えば浸透率）に一定の幅があるとき，過大な将来予測を防ぐためにも，感度試験をあらかじめ行い，控え目なパラメータを使って将来予測を行うことになる．すなわち「控え目な貯留層モデル」を用いて，将来の生産予測を行うべきということである[11]．

2.4 地下の熱と水の流れをどのように解明していくか？

　次では，実際の貯留層の数値モデリングの例を示すことにしよう．実際に地熱貯留層から生産・還元を行っている現実の地熱発電所について開発の初期の段階から最近までの説明ができればよいのだが，そのようなデータを入手することは一般に困難である．ここでは九重火山の例と八丁原地熱発電所の例を紹介しよう．

(ii) 実際の数値モデリングの進め方

(1)　九重火山の例[12], [13], [14]

　　　九重火山は九州北部地域，大分県南西部にある活火山である．標高1 791 mの角閃石安山岩を主体とする約10個のドーム状火山体の複合火山で，九重連山とも呼ぶ．火山活動はいまから約15万年前以降，大量の火砕流を噴出する火砕流噴火（噴火間隔5万年程度），ドームを形成するドーム形成噴火（噴火間隔1500年程度），および水蒸気噴火（噴火間隔100年程度）で，地表には500 °C前後の高温の噴気孔が存在する，わが国でも代表的な活動的高温地熱地域である．これまで地熱発電所は建設されていないが，各種の地熱調査が長期間にわたって順を追って行われ，非常に簡単な熱収支モデルから始まり，調査が進行するにつれて，モデルが改良され，最終的には三次元非定常数値モデルが作成され，さらにそれを用いて将来の水蒸気噴火過程がシミュレーションされている．人工的な地熱流体生産が行われているわけではないが，水蒸気噴火は，還元のない地熱流体生産になぞらえることができ，還元がない場合の地熱発電とみることもできる．

　　　九重火山の遠景写真（図2・4）と近景写真（図2・5）を示す[15]．火山体中心部には九重硫黄山と呼ばれる活動的な高温噴気地域が，ドーム状火山体の一つ，星生山の爆裂火口内に存在して

2 地熱資源の探査・評価と地熱発電

図2・4 九重火山遠景（江原，2007）

1995年水蒸気噴火直後．九重硫黄山北側の三俣山上空より撮影．噴火直後は後方の新火口群からの噴煙が目立つが，噴火前はすこし手前右の噴気地域で活発な噴気活動が見られていた(噴火直後はこちらの噴気活動が低下).

図2・5 九重火山近景（江原，2007）

九重硫黄山 A 地域の噴気活動．○印は，材料試験に利用するために掘削した浅部掘削井の位置（地表で232 ℃の火山ガス噴出）．

いる．

　1970年代の末ごろまでには硫黄鉱山が稼働して純度の高い天然硫黄が生産されていた．しかし，その後石油精製プロセスから硫黄が副生産物として得られることになり，やがて1970

2.4 地下の熱と水の流れをどのように解明していくか?

年代に硫黄鉱山は閉鎖された. そのころまでは周辺地域で地熱
発電所建設に向けた地質調査などが行われたが, 九重火山自体
に関する科学的な総合的研究はなされず, 一方500 °Cを超え
る高温噴気孔が注目され, 地球化学的な研究が行われたにす
ぎなかった[16]. 1970年代末ころから, 九州大学地球熱システム
学研究室 (以下, 九大地熱研究室) は九重火山の地球物理学的,
特に地球熱学的研究を開始した. その研究は次のように段階を
追って行われた. ①熱収支モデルおよび地熱系概念モデルの作
成, ②地下構造解明に基づく広域的地熱構造モデルの作成, ③
二.五次元 (軸対称円筒型) 定常数値モデルの作成と火山エネル
ギー抽出に関する研究, ④三次元地熱系数値モデルの作成と水
蒸気噴火プロセスの解明である.

次に, 年代を追って説明しよう.

(a) 熱収支モデルおよび地熱系概念モデルの作成 (1977年〜
1981年)

この時点以前では, 九重火山の総合的な研究は行われて
いなかった. 九大地熱研究室では, 熱学的研究として「地
殻熱流量」と並び, 重要で基礎的な観測量である「自然放
熱量」の観測研究からスタートした. 自然放熱量とは, 地
熱地域地表面から自然に放出される熱量で, 主に噴気や温
泉に伴って放出される熱である. なお, 当然, 熱の担い手
である水 (温泉・水蒸気) の流量も測定される. 九重硫黄
山の地熱活動は図2・4および図2・5でもみられるように
きわめて活発な噴気活動である. そこで, まず噴気に伴う
放熱量 (噴気放熱量) の測定から始めた. 噴気放熱量には2
種類あり, 一つは, 特定の孔 (噴気孔と呼ぶ) から勢いよく,

47

2　地熱資源の探査・評価と地熱発電

火山ガスを含んだ水蒸気が放出されるものである．もう一つは，どこからともなく地表面全体から噴気が出ている地面（噴気地という）から出てくる噴気放熱量である．噴気孔の測定は，個々の噴気孔の形状（断面積）を測定するとともに噴気の流速を測定し，さらに密度・温度を測定することで噴気流量および噴気放熱量を計算する．次に，噴気地からの放熱量であるが，赤外線を用いて地表面温度を測定し，この地表面温度に熱収支法[1]を適用して噴気放出量および噴気放熱量を評価した．

　次は温泉である．個々の温泉で温度および湧出量を測定したあと積算し，温泉湧出量および温泉放熱量を評価した．

　実は，上記以外で量は少ないが，地熱地域地表面近くからは伝導的放熱量もある．地熱地域では1 m深程度の地温も高い．例えば1 m深地温とともに50 cm深地温を測るとその間の地温勾配が求められる．この地温勾配に土壌の熱伝導率を乗じると伝導熱流量が求められる．これを地温異常がある地域全面積にわたって積算すれば伝導放熱量が求められる．

　このようにして，測定から全自然放熱量および全自然放出水量が求められた．その結果，全自然放熱量は99.6 MW（精度を考慮し，丸めて100 MW），全放出水量は49.9 kg/s（丸めて50 kg/s）と求められた．このように書くと簡単そうに見えるが，時間も人手もかかる．また，測定現場での臨機応変な工夫が必要である．噴気孔といっても出口が円形ではなく複雑な形状がほとんどである．しかし地熱地域というものを実感するためにもフィールド観測は良い

2.4 地下の熱と水の流れをどのように解明していくか?

経験になる.

　このようにして,一つの地熱地域の基本的で重要な特性(全自然放熱量および全自然放出水量)が得られる.それではこのような測定値からいったいなにが得られるか.実は数値モデルの作成において述べられたように,地熱地域の地熱系(地下の熱プロセス)は最終的には数値シミュレーションによる解析が必要だが,そこに至る前に,実はこのような自然放熱量・自然放出水量に基づいて,地熱系の基本的過程を理解することができることを示そう.

　この段階でさらに議論を進めるためには,地熱系の一般的なモデルを用いる必要がある.そこで,次のようなモデルを設定した.

　この地域では,地下5 km程度の深さに熱源としてのマグマ溜りがあると考えられる.マグマ溜りからはマグマ水による熱供給と熱伝導による熱が供給される(後者は観測された地殻熱流量分布から積算できる).同時にマグマ水が水を供給する.一方,地表から降水が供給される.この流下する降水と上昇するマグマ水は混合し,例えば地表から深さ2 km程度の深さまでに流体貯留層を形成する.流体貯留層内の温度分布はわからないが,水収支と熱収支を考慮すると流体貯留層の平均エンタルピー(あるいは平均温度)が推定され,それに基づいて流体貯留層の状態が推定される.そして,流体貯留層から熱および水が上昇し,最終的に噴気,温泉,浅層の熱伝導で,熱および水が地表から放出される.これが自然放熱量および自然放出水量である.実はこのような簡単な設定のもと,地表から放出される水

2　地熱資源の探査・評価と地熱発電

のうちにマグマ水が占める割合や流体貯留層の熱的状態（液体のみか，気液二相か）が推定されるのである．

　その結果によると，熱源としてマグマ溜りの上面深さを5 km，マグマ水と降水が混合している流体貯留層を地表から2 km深と仮定すると，次のような推論が可能である．地下5 km深に想定されるマグマ溜りからは，約20 kg/sのマグマ水の上方輸送とそれに伴う約90 MWの熱の上方輸送があり，これにマグマ溜りから熱伝導で輸送される約10 MWが加わり（合計100 MWの熱と20 kg/sの水がマグマ溜りから供給される），これが常温の降水約30 kg/sと混合し，平均温度約370 °Cの流体貯留層（沸騰状態で気液二相）を形成している．流体貯留層からは水蒸気・流体とそれに伴う熱が上昇し，最終的には約50 kg/sの水と約100 MWの熱が地表から放出されていることになる．地表から放出される水のうち約40 %がマグマ水であり，通常の地熱貯留層の場合（数 %以下）の10倍以上であり，九重硫黄山ではマグマ水の寄与がきわめて大きい典型的な「マグマ性高温型地熱系」と推定される．また，流体貯留層の温度は水の沸点に近く，気液二相状態が推定される（普通の地熱貯留層と比べて，温度も高温でかつマグマ水の寄与がきわめて大きいので，その特殊性を考慮して，単に地熱貯留層と呼ぶのではなく，火山熱貯留層と呼ぶことにした）．

　以上のように，適当な一般的地熱系モデルと実測された自然放熱量と放出水量を組み合わせると，九重硫黄山下の地熱系では，マグマ水の寄与が非常に大きく（数十 %に達する），流体貯留層の相状態は沸騰している気液二相状態

2.4 地下の熱と水の流れをどのように解明していくか？

が推定され，あらためて典型的な「マグマ性高温型地熱系」が存在すると推定される（図2・6）

(b) 地下構造解明に基づく広域的熱構造モデルの作成（1981年～1990年）

　九重硫黄山の地下にはマグマ水の寄与がきわめて大きい「マグマ性高温型地熱系」が推定されることを示したが，その段階では一般的な地熱系モデル（マグマ溜りからの伝導熱流量およびマグマ水の上昇）を仮定しただけで地下構造に関する情報はなにもなかった．そこで次の段階で地下構造探査を試みた．地球物理学探査法として微小地震観測法とMT法・重力法を採用した．

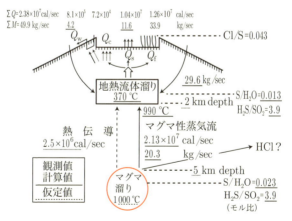

図2・6　熱収支・水収支に基づいた九重硫黄山下の熱水系モデル（江原ほか，1981）

マグマからマグマ水と伝導熱が上昇し，降水と地熱流体溜りで混合し，最終的には地表から，噴気（$Q_f + Q_s$）・温泉（Q_w）・浅層熱伝導（Q_c）により放出される．

2 地熱資源の探査・評価と地熱発電

　九重火山およびその周辺地域の地震活動は1980年代ごろまでには活動的であるとは考えられていなかった（地震が発生しているかどうかよくわかっていなかった）．この地域の公的な地震観測は気象庁によるものがあったが，小地震（マグニチュード3以上5未満）または一部の微小地震（マグニチュード1以上3未満）が対象のようで，火山体中心で起こる極微小地震（マグニチュード1未満）は対象とされておらず，極微小地震が発生しているかどうか不明であった．そこで九大地熱研究室では，観測機器用のAC電源が利用できる山麓（九重硫黄山から2.5 kmほど南）に地震計1台を設置し，まず極微小地震発生の有無を確かめることにした．初期微動継続時間から九重火山の中心部に発生した可能性がある地震もなくはなかったが，少なくとも極微小地震活動が活発とはいえなかった．そこで大形バッテリーを山腹に運び，地震計を九重硫黄山近傍に設置し，極微小地震発生の有無を調べた．その結果，山麓では観測されないが九重硫黄山近傍で，群発地震を含め極微小地震活動が活発であること（1日当たり数個）を確認した．そこでさらに，火山体中心部を囲む観測ネット（中心部の九重硫黄山周辺に5観測点，山麓に1観測点）を設置し，有線で電源用電気を送り，また別の有線で地震の信号を受信した（信号・電源ケーブルの全長は16 kmを超えた．現在ならば無線方式が採用されたであろうが，当時は困難だった（20名を超える，当時のスタッフと学生の献身的協力のたまものであった）．約2週間観測した結果，九重硫黄山噴気地域直下の深さ2 km深程度までに活発な極微小地震小活動があることがわかった[17]．極微小地震発生域は，

2.4 地下の熱と水の流れをどのように解明していくか?

噴気活動地域にほぼ相当する噴気地域中心部の直径500 mの範囲に局限されていることが明らかにされた. すなわち, 極微小地震発生域は直径500 m, 深さ2 kmの円筒状内部にほぼ限られていた. なかでも深さが1.0〜1.5 km以浅の極微小地震が多かった. 地質的には白亜紀の花崗岩あるいは変成岩類の本地域周辺でみられる基盤岩より浅部の火成岩類の中であった. 地震の発生は岩石の脆性破壊と考えられ, 極微小地震発生域は割れ目の多い領域と考えられた. したがって, 地熱流体の存在と極微小地震発生の間には強い関連が推定された. また, 数は少なかったが地下地熱流体起源の火山性微動も観測された.

地震観測に続いて行われたのがMT観測であり, 九重硫黄山噴気地域を囲むやや広い範囲で観測が行われた. その結果, 硫黄山地域直下には非常に比抵抗が小さい垂直的構造が存在することが知られた. 二次元解析からさらに三次元解析が行われた[18].

その結果, 九重硫黄山地下には深さ2 km深程度まで, 垂直的に比抵抗値1 Ω·m程度のきわめて低い比抵抗の領域があることが明確になった. 実はこの低比抵抗領域は極微小地震の活発な領域とほぼ完全に一致している.

また, 重力構造解析が行われたが二層構造解析によると, 本地域の基盤岩 (浅部の火成岩類の下にある白亜紀の花崗岩あるいは変成岩類) は2 km深程度であることが推定された.

さらに地球化学的研究からは, すでに述べられた「マグマ性高温型地熱系」の存在を確認するように, 九重硫黄山の高温噴気にはマグマ水成分が多く含まれることが示され

2 地熱資源の探査・評価と地熱発電

た.

　以上のデータを統括することによって，九重火山中心部の九重硫黄山地下の地熱系概念モデルは図2・7に示されるようなものがつくられた[19]．九重火山中心部にあるドーム状火山体の一つ，星生山南東部にある九重硫黄山噴気地域（ほぼ直径500 mの円形領域に広がっている）の地表からは約100 MWの熱と50 kg/sの水が噴気・温泉・熱伝導により放出されている．放出される水の約40 ％はマグマ水である．九重硫黄山周辺の地形をみると集水域は直径5

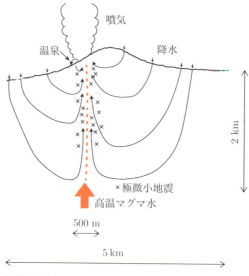

図2・7　九重硫黄山下の地下構造・流体流動概念モデル（江原，1990）
　噴気・温泉の出ている地表下2 km深程度まで，地震発生ゾーン・低比抵抗ゾーンが発達．噴気孔周辺地域から降水が浸透し，マグマから上昇するマグマ水と混合．

2.4 地下の熱と水の流れをどのように解明していくか?

km程度である．深さ5 km程度にあるマグマ溜りからは
マグマ水（800〜1 000 ℃程度）が放出され基盤岩中の割れ
目を通って上昇し，地下2 km深程度（この深度でマグマ水
は500〜600 ℃程度．地表から噴出する噴気温度の最高値は500
℃を超えている）で，流下してきた降水と混合し，気液二
相状態の貯留層（火山熱貯留層）を形成し，最終的には地
表から，熱は噴気・温泉および浅層熱伝導（深さ1 m程度）
により流出している．

　すなわち，九重硫黄山下には直径500 m，深さ2 km程
度の透水性の良い貯留構造が存在し，この中では地熱流体
は気液二相の沸騰状態にある．これらは同時に極微小地震
活動活発ゾーンであり，1 Ω·m程度の超低比抵抗ゾーンで
もある．

(c) 単純な数値モデルと熱エネルギー抽出に関する研究（1990
年〜1995年）

　　上記(a)で九重硫黄山噴気地域下の地熱系概念モデル[19]を
示したが，これをもとに数値モデルを作成し，さらに熱エ
ネルギー抽出に関する検討結果を述べる．検討したモデル
は上述の概念モデルに基づき，円筒状の二.五次元（軸対
称円筒型）の気液二相状態が扱える定常状態モデルである．
直径5 km，深さ2 kmの円筒型貯留層を想定し，深さ方
向には250 mずつの8ブロック，水平方向には半径250 m，
1 000 mに境界を置き，3ブロックとした．この段階では
地表面は平たんとしている．地形に関しては，後に三次元
非定常モデルを扱うときに取り入れる．円筒型モデルの中
央断面のブロック分割を図2·8に示した．地形図より分

2 地熱資源の探査・評価と地熱発電

		A1	B1	C1
		A2	B2	C2
		A3	B3	C3
		A4	B4	C4
		A5	B5	C5
		A6	B6	C6
		A7	B7	C7
		A8	B8	C8

2 km（縦）　5 km（横）

図2・8　九重硫黄山軸対称円筒型モデルの中央断面のブロックレイアウト（江原，1990）

　すい嶺を考慮し水平方向を5 kmとした．垂直方向はおおよそ基盤岩までの深度を2 kmとした．

　最終的に得られた数値モデルの円筒型貯留層の中央断面における水蒸気・熱水の流れを図2・9に示した．それに

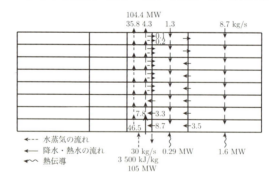

図2・9　九重硫黄山中心部の断面図（江原，1990）

　破線は水蒸気の流れ，実線は水の流れ，波実線は伝導熱の流れ，地表から10 kg/sの降水の浸透があり，マグマ水30 kg/sと混合し，気液二相流体（気相・液相ともに上昇）となり，最終的に地表より，噴気・温泉・浅層伝導熱として放出される．

2.4　地下の熱と水の流れをどのように解明していくか？

よるとモデル下部から供給されるマグマ水は流量30 kg/s，比エンタルピー3 500 kJ/kg，熱量にして105 MW，温度は約800 ℃である．下面から伝導によって運ばれる熱流量は合計1.89 MW．一方，地表から流入する降水量は合計10 kg/sで地表から放出される熱量は104.4 MW．内訳は蒸気として35.8 kg/s，温泉として4.3 kg/s，合計放出水量40.1 kg/s，合計放熱量104.4 MWである．モデルに下面から供給される熱に比べ，地表から放出される熱がやや少ないが，これには側方流動の効果が影響している（なお，後述するが地形を考慮した三次元モデルでは側方流動の効果は大きいことが示される）．

　以上，観測値をおおよそ説明できるモデルをつくることができたが，観測値の測定精度を考慮すると，測定値と計算値の厳密な一致を求めることは妥当ではない．この数値モデルで大事な点は，透水性の良い中央部の地熱流体上昇域で気液二相（沸騰状態）となっていること（かつ蒸気・熱水ともに上昇．通常の蒸気卓越型地熱系では，蒸気上昇・熱水下降というカウンターフローが生じていることと対照的である）および全放出水量中にマグマ水の寄与が数十％と非常に高いことである．これは初期に推定された非常に簡単な熱収支モデルから求められた結果ともおおよそ一致している．このことは研究初期段階に想定されたモデルの妥当性および適切な初期数値モデル作成の重要性を示していると考えられる．

　さて，このモデルから得られる貯留層内の代表的温度分布と圧力分布を図2・10に示した[19]．興味深いいくつかの

57

2 地熱資源の探査・評価と地熱発電

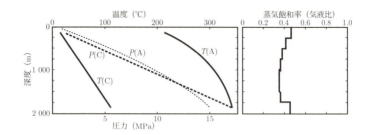

図2・10 九重硫黄山中心部と周辺部の温度（$T(A)$ および $T(C)$），圧力分布（$P(A)$ および $P(C)$）と中心部の気液比（蒸気の割合）（江原，1990）

点を指摘できる．まず温度分布であるが，中心部（A）では水の沸騰曲線となっている．周辺部（C）ではほぼ直線的であり，熱輸送は伝導が卓越していることを示している．実は温度分布を詳細にみるとやや下に凹となっており，ゆっくりとした降水の流入に対応している．一方，圧力に関しても興味深いことがみて取れる．周辺部（C）の圧力は直線的でほぼ静水圧に近いことを示している（この場合も詳細にみると下方流動に対応してやや下に凹となっている）．中央部（A）の圧力分布は上に凸となっており，1 250 m深までは静水圧よりも大きく，1 250 m以深では静水圧より低くなっている．このことは周辺地域からこの深部に降水が浸透していることを示していると考えられる．

また，1 250 m深より浅い所では静水圧よりも圧力が高くなっていることは地震発生分布と関係して興味深い．発生する地震の大部分は1 250 m深程度までに限られている．このことは，中央部の気液二相流体上昇部分で周辺部

2.4 地下の熱と水の流れをどのように解明していくか?

より圧力が高いこと(〜1 MPa程度)と対応している. この高い圧力の部分に極微小地震が多く発生しているのである. これは流体上昇部分では貯留層圧力(すなわち間隙水圧)が周辺部分より高いことを示している. この高い間隙水圧は岩石の破壊強度を弱めることが実験的に知られており, 九重硫黄山下の活発な極微小地震活動は, 流体の上昇に伴う相対的に高い貯留層圧力と関係していると考えられる. すなわち, 九重硫黄山下の高い極微小地震活動は気液二相の流体上昇による圧力の高まりによるものとして理解される. このことは地熱探査法として微小地震観測法が有効であることを示す好例と考えられる.

　以上のように, 九重硫黄山には「マグマ性高温型地熱系」が発達しており, 二.五次元(軸対称円筒型)の数値モデルが作成され, 温度・圧力分布および気液二相流体の気液比も推定された.

　本地域では地下調査のための深い掘削もされておらず, 生産や還元も行われていないが, この自然状態モデルを使って, 噴気活動や温泉活動に大きな影響を与えない範囲で, どの程度の熱(したがって発電量に換算できる)が抽出可能かを簡単に見積もってみる.

　そこで上記で求められた自然状態モデルに基づいて, いくつかのケースを想定し, 熱抽出の可能性を検討する. ここで得られている自然状態モデルは, 図2・3で示したような十分な検証を受けたものではなく, まだかなりの任意性があるといわざるを得ない. したがって, あまり詳細にかつ長期間のシミュレーションを行うことは適切ではな

い．ここでは考え方を重要視することにして，まず生産期間10年間，そして蒸気生産量を30 kg/s（熱から電気への変換効率を約13 %として，電気出力約10 MWに相当）の場合について試算を行った．図2・11に代表的なケースとして，中心部のA2層（深さ250〜500 m）から生産を行った場合の種々の物理量の経年変化を示した．中心部の最下層A8層の温度・圧力とも最初の5年間は徐々に減少するが（−8.1 ℃/8年，−1.5 MPa/5年），温度はその後ほぼ一定，圧力は多少回復傾向を見せる．生産層A2層の温度は，一様に減少（−40.9 ℃/10年），圧力は最初減少する（−2.7 MPa/2.5年）がその後回復する．生産される熱量は初期に70 MW，10年後には安定して約80 MWとなる．生産される流体も2年後以降はほぼ水蒸気だけとなり，発電にとってはきわめて都合がよい．

　一方，地熱流体生産の自然放熱量への影響をみると，総自然放熱量は開発後数年にわたってやや上昇するが，その後やがて減少し，10年後には自然状態の半分近くになる．人工的な地熱流体の採取が行われるにもかかわらず自然放熱量が一時的に上昇するが，これは生産に伴う圧力低下に伴って蒸気飽和率が一時的に上昇することによる．自然放熱量の大部分は蒸気によって賄われているので噴気量の変化も同様で一時増加，その後減少する．温泉湧出は生産開始後数年で停止し，逆に地表水の流入に転じる．なお，このモデルではキャップロックの存在を想定していないが，実際には九重硫黄山の地表には酸性変質帯が広がっており，降水の浸透に関しては一定のバリアになりうるの

2.4 地下の熱と水の流れをどのように解明していくか？

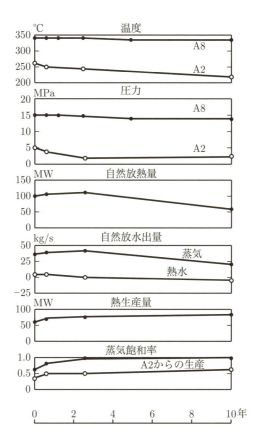

図2・11 浅部A2層（MODEL A）から10年間生産した場合および深部A8層（MODEL B）から10年間生産した場合のA2層およびA8層の温度・自然放熱量・熱生産量の経年変化（江原，1990）

で，実際には温度低下はある程度妨げられるものと考えられる．さらに，この地熱流体生産モデルは深部からの高温のマグマ水の供給は時間的に一定としている．しかし，実

2 地熱資源の探査・評価と地熱発電

際には火山熱貯留層の圧力降下に伴い地下深部からの供給量は増加すると推定されるので，生産にとってはここで述べたよりさらに良い状況となると考えられる．また，検討した生産モデルでは，還元を想定していないが，還元を行えば地下に与える影響はさらに減じられると考えられる．このような供給量一定のモデルでも，電気出力に換算して10 MW程度の発電が地下の状態に大きな影響を与えることなく，少なくとも10年程度の長期間にわたって行えることを示している．

掘削深度が浅くてよいこと（250〜500 m），生産される蒸気の乾き度がほぼ1であることを考えると，「マグマ性高温型地熱系地域」に存在すると考えられる気液二相流体貯留層の開発は十分経済的なものになりうると予想される．なお，ここでは火山ガスの発電機器等の材質に与える影響は考慮していないが，後に行われた噴気地域の浅部掘削井（深さ30 m程度）から得られた温度232 ℃の火山ガスを用い1年間にわたって発電用各種材料の暴露試験および応力腐食割れ試験を行ったが，腐食の進行は通常の地熱蒸気井で得られる場合とほとんど変わることがなかった．その理由としては，火山ガスの中には酸素がほとんど含まれていなかったことによると考えられる．酸素がなければ酸化が進まず，したがって腐食の特別な進行も想定されない．

以上，九重硫黄山で得られた自然状態モデルを使って生産プロセスを推定した結果，10 MW程度の発電は10年以上にわたって，安定的に実施できるものと推定された．

このような活火山体中心部からの熱抽出については，将

2.4　地下の熱と水の流れをどのように解明していくか？

来，より深部から大容量の熱エネルギーの採取が行われる可能性があるが，現時点でいくつかの見積りを行っておくことは意義あると考えられる．

(d)　三次元地熱系数値モデルの作成と水蒸気噴火プロセスの解明（1995年〜2012年）

　　以下では，九重硫黄山地下の非定常三次元多相（超臨界状態をも含む）の地熱系数値モデルを紹介する[14]．使用する数値シミュレータは1 200 ℃まで計算できるHYDROTHERM Ver. 2.2である[20]．

　　はじめに，対象とする地理的範囲を地形図上で設定した（図2・12）．九重硫黄山を中心に東西方向5 km南北方向5 km，外側のブロックサイズは東西・南北とも1 km，九重硫黄山噴気地域（500 m × 500 m）を含む中心部地域は100 m × 100 mに細かく分割した．中心部の断面を図2・13に示した．地形も100 m間隔で表現した．深さ方向のブロックの厚さは浅部で100 m，深部で200 mとした．各ブロックには地質図あるいは測定値をもとに物性値を与えた（密度，空隙率，浸透率，熱伝導率，比熱など）．中央部最深ブロックにはマグマ水が供給されるとした．それ以外の底面には，九重火山周辺部の地殻熱流量に基づいてマグマからの伝導的熱流量を与えた．地表面は透水性で自由に水が出入りし，また熱は表層ブロックと大気温度との差に比例して熱放出があるとした．下面は中心部（500 m × 500 m）以外不透水性となっている．側面では水の流れに関しては，すべて不透水性で，熱的には断熱である．使われたパラメータは上述した二．五次元（軸対称円筒型）数値

2 地熱資源の探査・評価と地熱発電

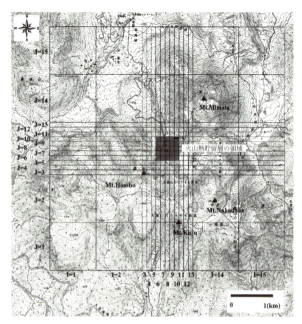

中央の500 m × 500 mの領域が九重硫黄山地域に相当．

図2・12　九重火山三次元モデルの平面図（江原ほか，2012）

モデル（上述(c)）を参考として，必要に応じて修正した．パラメータを適宜変更しながら観測値（自然放熱量，自然放出水量，気液比，噴気温度等）によく一致するモデルを選択することにした．最終的に得られた中心部東西断面の温度分布図を図2・14に示した．中心部直下には流体の上昇に対応した帯状（三次元的には直方体状）の高温部分がみられる．深さ2 kmでは600 ℃を超えている．また，周辺部では急激に温度が下がっているのが認められる．これは周辺部からの降水の流入に対応している．

2.4 地下の熱と水の流れをどのように解明していくか？

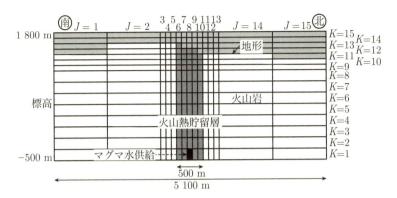

図2・13 九重火山三次元モデルの断面図. 中央500 mが九重硫黄山に相当（江原ほか, 2012）

中央500 mが九重硫黄山に相当している.

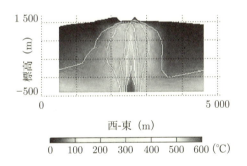

図2・14 モデル中央部東西断面の温度分布（江原ほか, 2012）

地下深部から高温のマグマ水が供給され，これと地表から浸透した降水が混合し，中央部で帯状（直方体状）に気液二相流体が形成され上昇し，最終的に地表から噴気・温泉として流出している．なお蒸気・熱水の東西流速断面分

布を図2・15に示した．周辺部から降水が供給され，深部から上昇してきたマグマ性流体と混合し，気液二相流体の上昇する様子によく対応している．これらの図をみると，「マグマ性高温型地熱系」の形成過程がよく理解できる．

さて，九重硫黄山下の熱過程モデルが示されたが，これはいわば自然状態モデルである．観測値に基づいているとはいえ，生産履歴等の検証は受けていない．実は，1995年10月11日および同年12月18日に九重硫黄山地域で水蒸気噴火が発生し，その後種々の観測（噴気温度，放熱量，放出水量（主に噴火口からの噴気量），火山体内部の温度変化を反映する地磁気変化，火山体内部の水量変化を反映する重力変動観測）を行った．その結果，噴火発生後数年間は，放熱量は噴火前の10倍程度（1 000 MW程度）と大幅に増加した一方，噴気温度の多くは噴火後低下した．また，地磁気観測は噴火後帯磁の傾向を示し，噴気地域地下内部の温度低

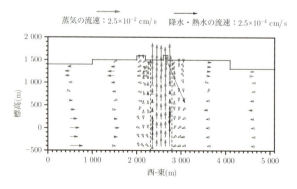

図2・15　モデル中央部東西断面の水の流速分布（江原ほか，2012）

2.4 地下の熱と水の流れをどのように解明していくか？

下傾向を示した．また，重力変動観測は噴火後噴気地域下の地下水量が急激に減少するとともに，その後数年にわたって次第に増加し，回復傾向をみせた（図2・16(a)，(b)に種々の観測のうち，噴気温度の変化と地磁気の帯磁傾向を示した）．

このような過程は，噴火に伴って噴気地域地下の地下水が深部から供給されたマグマ水によって加熱され，蒸気化し大気中に放出されたことに伴って地下水量が一時的に減ったが，やがて周辺から冷たい水が補給され，地表から大量の噴気が放出される一方，噴気地域地下が冷却されていったと理解される．いってみれば，「水蒸気噴火の発生」は「地熱発電所における地熱流体生産開始」にもなぞらえることができ，さらにこの場合は「還元が行われない地熱発電」にもなぞらえることができる．そこで，水蒸気噴火前と水蒸気噴火後に，地下の熱的状態がどのように変化し

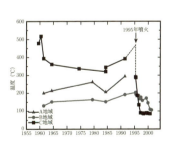
(a) 1955年から2002年までの代表的噴気温度の変化：噴火前上昇し噴火後急低下

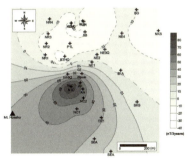
(b) 地磁気全磁力の変化（噴火後3年間の変化：単位nT）　山体の北部で減少，南部で増加の帯磁傾向⇒温度低下を反映

図2・16　噴火後の諸量の変化の例（左：噴気温度，右：地磁気）（江原ほか，2012）

2 地熱資源の探査・評価と地熱発電

たかを数値シミュレーションすることにした．噴火後の種々の観測データが地熱発電所における生産開始後の履歴データともいえるのである．

そこでまず噴火前後での概念モデルの変更を行った．それを示したのが図2・17(a)，(b)である．図中(a)は噴火前，図中(b)は噴火後である．噴火前には地下から供給されたマグマ水と地表から浸透した降水が，硫黄山直下（東西・南

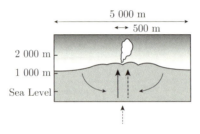

(a) 噴火前（マグマ水と降水が混合し，気液二相の火山熱貯留層を形成．噴気放熱量は100 MW程度）．

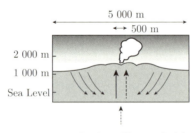

(b) 噴火後（10倍に増加したマグマ水と増加した地下水が混合し，気液二相の火山熱貯留層を形成．噴気放熱量は1 000 MW程度に増加．その結果，火山熱貯留層の温度は低下，一方，自然放熱量は10倍増．

図2・17 噴火前後での概念モデルの変化（江原ほか，2012）

北各500 mで深さ2 000 m）で混合し，高温の気液二相流体

2.4 地下の熱と水の流れをどのように解明していくか?

貯留層(火山熱貯留層)を形成しているのに対し,噴火後には地下からのマグマ水は10倍程度増加したが,それ以上に周辺部からの冷地下水の流入により,火山熱貯留層の温度は低下していることを示している.

噴火後のシミュレーションでは,噴火後に噴気量および噴気放熱量が約10倍に増加したとしたほかは,噴火前と同じパラメータを使っている.図2・18(a),(b)および図2・19(a),(b)に水蒸気噴火前と噴火後の温度分布と水の流速分布を比較して示した.図から明瞭であるように,噴火後,周辺部からの地下水の流入が増加し(流速の大きさを示す矢印が長くなっている),噴気量は大きく増加しているが貯留層温度は噴火前に比較し低下していることがわかる.これは噴火後の諸物理量の変化をよく説明しており,噴火後のモデルは噴火後観測された諸物理量によって検証を受けたモデルともいえる.

次には,このモデルを出発点として,次期(1995年より100年程度経過後)の水蒸気噴火過程の予測を行ってみることにした.九重火山の噴火様式はすでに述べたように3種類あり,約5万年間隔の大規模火砕流噴火,約1500年間隔のドーム形成噴火,約100年間隔の水蒸気噴火である.最初と2番目の噴火様式はマグマそのものの動きと直接関係しており,マグマそのものの動的扱いが必要となるので,ここでは触れないこととする.3番目の噴火は水蒸気噴火であり,次ではこれについて検討する.

水蒸気噴火は,現象的には地熱発電所における還元のない生産に模すことができる.九重火山が置かれている応力

2 地熱資源の探査・評価と地熱発電

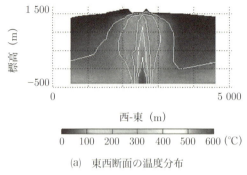

(a) 東西断面の温度分布

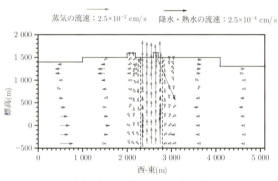

(b) 東西断面の水の流速分布

図2・18 噴火前の九重硫黄山の温度分布と水の流速分布（江原ほか，2012）

場は南北張力が卓越している．これまでの研究結果から，1995年の水蒸気噴火時には，南北張力場が強まり，これが貯留層および上昇するマグマ性流体の通路の透水性（浸透率）にも影響を与えることが想定可能である．実際，1995年10月11日に発生した水蒸気噴火でも噴出火口列は南北張力場で形成されたことを示していた[21]．さらに張力

2.4 地下の熱と水の流れをどのように解明していくか？

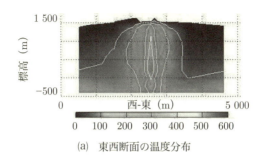

(a) 東西断面の温度分布

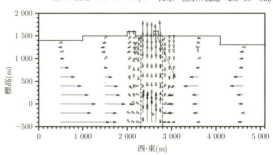

(b) 東西断面の水の流速分布

噴火後，火山熱貯留層の温度は低下し，周辺地域からの地下水の流入は増加．

図2・19 噴火後の九重硫黄山の温度分布と水の流速分布（江原ほか，2012）

　　　場の影響は火山熱貯留層中の浸透率（張力場増大が浸透率増加に対応）に反映される（張力場が強まると貯留層の浸透率は大きくなる）と考えることができる．そこで，1995年噴火前後の噴煙活動の状態変化に対応して，応力場が変化したと考えた．そして，それに対応した貯留層の浸透率変化があったとして，貯留層の熱的変化を追跡することにした．

2　地熱資源の探査・評価と地熱発電

　そこで，約100年間の水蒸気噴火間隔のなかを次のような5段階に状態分けを行った.

① 　静穏状態（水蒸気噴火が静穏化し，次の噴火の準備状態に入るまで．噴気放熱量100 MW程度）で，火山熱貯留層の浸透率が通常状態のとき.

② 　水蒸気噴火の準備に向けた状態（噴気放熱量が増加する状態で，噴気放熱量は200～300 MW程度）で浸透率がやや増加したとき.

③ 　水蒸気噴火発生の状態（噴気放熱量は1 000 MW程度）で浸透率が最大に達したとき.

④ 　水蒸気噴火が低下していく状態（噴気放熱量200～300 MW程度）で，浸透率がやや減少したとき.

⑤ 　静穏状態（噴気放熱量100 MW程度で噴火前の静穏状態に戻る）で浸透率が通常状態のとき.

　1995年の水蒸気噴火前後の観測結果を参考にすると，①は前回の水蒸気噴火以降～1985年ごろ，②は1985年～1995年10月ごろ，③は1995年10月11日～1995年12月ごろ，④は1995年12月ごろ～2010年8月ごろ，⑤は2010年8月ごろ～2090年ごろ（次の水蒸気噴火の直前まで）という時期が想定される．そして，これらの時期に相当する噴気放熱量を得るために適宜貯留層の浸透率を変えた．その結果得られた，それぞれの時期に対応した貯留層の浸透率と噴気放熱量に相当する水蒸気の抽出量を与え，貯留層温度の変化を追跡した．そして，2090年ごろに1995年10月ごろの噴火直前と同程度と推定される温度分布と同様なものに回復するかどうかを確認することにした．図2・

2.4 地下の熱と水の流れをどのように解明していくか?

20は各段階の温度分布と流体流動パターンを示した. その結果, 2090年ごろの次期水蒸気噴火直前の予想温度は1995年噴火直前の温度分布とよく一致している.

以上によって, 九重火山の熱過程は一定の履歴データを検証して予測を行うことができた. このモデルの妥当性は, 2090年ごろ水蒸気噴火が生じるかどうかにより検証されるだろう. 次回水蒸気噴火が前回と同様なプロセスで進行するとすれば, おそらくその10年前ごろの2080年ごろから火山活動に種々の異常が見いだされる可能性がある. もしそうであるならば, 少なくとも1985年〜1995年当時行われていた観測を開始することが望まれる.

⑵ 八丁原地熱発電所の例

九州電力八丁原地熱発電所は上記九重火山中心部の北西約5kmにあるわが国を代表する地熱発電所である. 1977年に1号機 (55 000 kW), 1990年に2号機 (55 000 kW) が運転開始しているわが国最大の地熱発電所でもある. また2号機運転開始後に上記のフラッシュ発電以外にバイナリ発電も付設されている. その後, いろいろな経験を積みながら2018年12月現在, 40年以上にわたって安定した発電を続けている. ここでは, 自然状態モデルの作成, ヒストリーマッチングによる検証, さらには補充井の掘削による出力予測およびその検証結果の例について紹介することにする. なお, ここで紹介する内容は, 同発電所の地熱貯留層管理にあたっている鴫田洋行氏の研究 (2006) によっている[22].

図2.21に対象地域のグリッド分割図 (平面図) を示した. この範囲には, 八丁原地熱発電所地域 (◆) だけでなく, 北方約

2 地熱資源の探査・評価と地熱発電

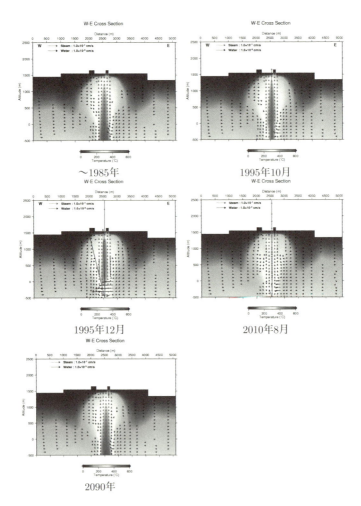

図2・20 前回の水蒸気噴火前から次の水蒸気噴火前までの温度変化予測

前回水蒸気噴火前（～1985年）⇒水蒸気噴火直後（1995年10月）⇒水蒸気噴火後2か月（1995年12月）⇒噴火後15年経過（2010年8月）⇒次回の水蒸気噴火前（2090年）（古賀・江原，2012）

2.4 地下の熱と水の流れをどのように解明していくか？

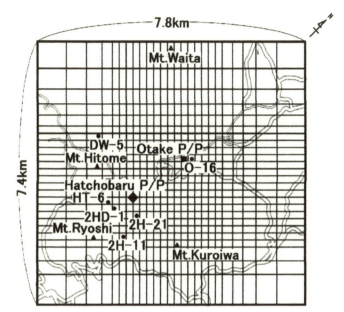

●：主な坑井配置，▲：主な火山体，P/P：八丁原・大岳地熱発電所

図2・21 八丁原三次元地熱系モデルのグリッド分割（平面図）（鴇田，2006）

2 kmにある大岳地熱発電所地域（■）も含まれている．また，小さな●印で主な坑井位置を示している．なお，深度方向は標高1 100 mから基盤岩内－4 100 mまでを13層に分割している（各層の層厚は250〜750 mとなっている）．

計算にあたって各グリッドには圧力干渉試験や物性試験結果等を用いて得られている岩石物性値（密度，空隙率，浸透率，熱伝導率，比熱）を与えている．そして，基盤岩内の浸透率と空隙率をその上部にある火成岩類より小さく，一方，断層の浸透

2 地熱資源の探査・評価と地熱発電

率は大きくしている．そして自然状態に近い6本の坑井の温度・圧力分布について，できるだけ再現することを試みている．岩石物性値や境界条件を修正しながら200回を超える計算を行っている．

貯留層シミュレータはTOUGH2[23]が使われている．圧力マッチングの結果を図2・22に，温度マッチングの結果を図2・23に示した．標高と圧力のマッチング結果はほぼ直線的で実測値に近くなっている．温度マッチングに関してはO-16の場合はややかい離があるがそれ以外はよく再現されているといえよう．現在の地熱貯留層に対する理解はこの程度のレベルまで達していることになる．

さて，この検証結果（地熱貯留層モデル）を用いて，生産井の補充井を追加した場合の出力回復予測をした例を紹介する．実は，八丁原地熱発電所では，2号機が追加された時点（1990年）では1号機と2号機の合計出力（55 MW × 2 = 110 MW）を維持していたが，その後，次第に出力が減ってきた．主な理由は，還元水が十分温められずに生産井に流入したことにあった．そこで還元井の位置を変更するとともに出力を回復維持するために生産井の補充掘削が計画された．そのために，すでに完成していた地熱貯留層モデルを用いて，補充井掘削に伴う出力回復予測がなされた．図2・24に示すように，1994年から1997年にかけて7本の補充生産井を掘ることによる出力回復の予測がなされた．この掘削計画に従って補充井が掘削された結果，出力は回復し，1998年までにほぼ認可出力である110 MWに回復した．

上述のように，認可出力（110 MW）にほぼ一致した実際の

2.4 地下の熱と水の流れをどのように解明していくか？

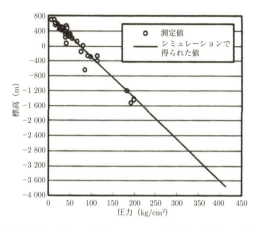

図2・22 自然状態モデルの圧力マッチングの結果（標高と圧力）（鴇田，2006）

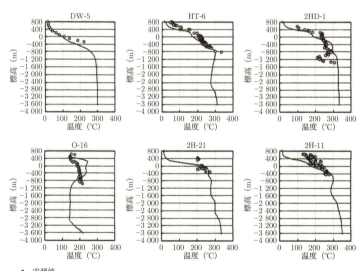

図2・23 自然状態モデルの温度マッチングの結果（鴇田，2006）

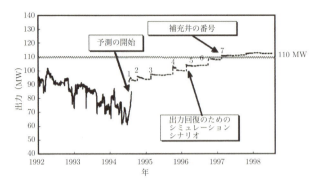

図2・24 補充井掘削に伴う出力回復の予測（鴇田，2006）
実線：実績値
破線：個々の補充井掘削による出力の回復予測

出力（110 MW）が実現されたが，さらに次のような将来予測も行われた．持続可能な発電を維持するためには適切な出力規模はどの程度になるか，補充井を増やすことによってどの程度実現できるかが調べられた．適切な生産井・還元井の位置・深さを十分検討後，仮想の生産井を一斉に噴出し，それに応じた適切な還元を行う場合の発電出力の変化が計算された．ここでは生産井掘削本数が17本，26本，31本のケースが検討された．その結果，掘削本数が多ければ一時的に発電出力は大きくなる（200 MWを超える場合もある）がやがて減少していく．そして，いずれのケースでも掘削後10年程度では120 MW程度で安定する結果が得られている（図2・25）．このことは，現在の出力設備のもとで110 MWを安定的に維持することは数値シミュレーション上は可能であることを示している．実際の暦日利用率は2016年時点で約70 %であり[24]，実際に安定した発電を継

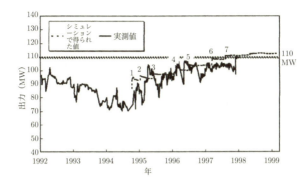

図2・25 補充井掘削数の違いによる出力の経時変化（補充井17本，26本，31本の場合）（鴇田，2006）

続している．

2.5 地下の熱を使ってどのように発電するのか？

(i) 地熱発電のしくみ

地熱発電の方式には大きく分けて，フラッシュ式地熱発電とバイナリ式地熱発電がある．フラッシュ式は地下の地熱貯留層から取り出した蒸気をタービンに導いて発電するものであり，バイナリ式は主として地熱貯留層から蒸気が得られず熱水のみが得られるような場合，その熱水により，水より沸点の低い媒体を加熱蒸発させ，その蒸気の圧力でタービンを回し，発電を行うものである．地熱貯留層から得られる蒸気の圧力が低い場合もバイナリ式が使われる場合がある．

いずれにしても，地下から得られるのは熱エネルギーであり，これを最終的に電気エネルギーに変換する．フラッシュ式にしてもバイナリ式にしても地熱貯留層から地熱流体を取り出して発電をする

2 地熱資源の探査・評価と地熱発電

ことには変わりない．そこで本節では，フラッシュ式地熱発電のしくみの説明から始めよう．

図2・26に地熱貯留層を含めた地熱発電のしくみの概要を示した[25]．火山の地下5 km深程度には熱源としてのマグマ溜りが存在し，熱が上方に輸送され浅部が高温になっている．一方，降水が地下に浸透しマグマ溜りからの熱に温められ，上昇後，地熱貯留層に貯められている．実際の貯留層は図に示されるように高角の断層状構造（図中の斜めの黒い線分）である．これを地上から探査して掘削する．地熱貯留層の水は高温高圧の圧縮水である．多くの場合，200～350 ℃程度である．しかし，このような高温でも地下においては液体（熱水）の状態の場合が多い．

貯留層（断層）に達した坑井内の熱水は静水圧より高圧のため，坑井内を自然に上昇する．上昇すると温度も下がるが圧力が大きく下がる．圧力が下がると，もともと高温であった熱水の温度はある深度で沸点に達し，沸騰（フラッシュ）を始める．もともと熱水であっ

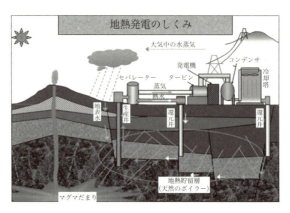

図2・26　地熱発電のしくみ（日本地熱開発企業協議会，2011）

2.5 地下の熱を使ってどのように発電するのか?

たものから蒸気と熱水の混合物の気液二相流体が生じる. この気液二相流体は上昇を続けるなかで蒸気分を増加させるが, 多くの場合, 坑口から地上に噴出する場合も気液二相の状態にある.

フラッシュ発電(シングルフラッシュ方式. 坑井内で1度だけフラッシュしているのでこう呼ぶ)では蒸気のみを使うので, セパレータで気相(水蒸気)と液相(熱水)に分離する. 分離された蒸気はタービンに導入されタービンを回し, タービンに直結されている発電機を回し, 結果として電気を起こす. 電気は昇圧後送電線で運ばれ, 各地の変電所で電圧が調整され, 最終的には送電線・配電線を通じて家庭や工場へ運ばれる. 発電で使われなかった熱水は還元井を通じて地下に戻され, 貯留層への水の補給(貯留層の圧力維持)を行う. 同時に熱水中に含まれるひ素などの有害物質を環境中に放出しないようにする役目もある.

なお, タービンを回したあとの蒸気はそのまま大気中に放出される場合がある. この方式を背圧式という. この場合, 設備は簡単だが蒸気のもつエネルギーを十分利用していない. そこで蒸気のもつエネルギーを効率よく使うため, タービンから排出される蒸気を冷却し液体(水)にする(復水という)[26]. すなわち, 排気側の圧力を下げる. すると復水器では蒸気の体積が水になることで圧力は真空近くになる. したがって, タービン入口の蒸気と出口の蒸気の圧力差が増加し, 蒸気のエネルギーをより有効に利用できることになる[26](図2・27). この発電方式を復水式と呼び, 同じ蒸気量ならば背圧式に比べて発電量は約2倍となる(おおよそ蒸気流量100 t/hで10 000 kWの発電に相当). そのため, フラッシュ式発電の場合, 多くは背圧式ではなく, 復水式が採用される(背圧式は発電所建設初期に蒸気が得られた場合によく使われる. 坑口で発電し, 発生した電気を順

2 地熱資源の探査・評価と地熱発電

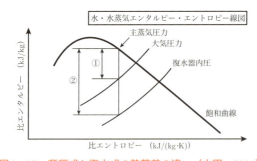

図2・27 背圧式と復水式の熱落差の違い（山田，2014）
復水式②の方が，背圧式（大気放出）①に比べ，熱落差が大きい．

次建設用電源としても有効に使え，同時に貯留層モニタリングが行えることにもなり，貯留層の理解が早い段階から可能になるというメリットもある）．なお，分離された熱水の温度・圧力が大きい場合は，熱水を，フラッシャーという減圧タンクに入れ二次蒸気をつくる（この発電方式をダブルフラッシュ式という．坑井内だけでなく，地上で2度目のフラッシュをするので）．これをタービンの中段に併入すると発電量が10〜20％程度増加する．この際出てくる熱水の温度・圧力がまだ高い場合には，さらに熱水を別のフラッシャーに入れ三次蒸気を生産し，これもタービンに併入することができる（トリプルフラッシュ方式という）．これによって，シングルフラッシュ方式に比べ30％近くも発電量が増えている発電所がある（ニュージーランド北島のナ・ア・プルア地熱発電所）．このように同じ蒸気量でも発電方式によって発電量が変わってくることがわかる．

　すなわち，地熱発電ではタービンにより発生できる出力は熱落差（蒸気タービンにおいて，タービン入口の蒸気のもつエネルギーとタービン排気のもつエネルギーの差）が発電に利用できるエネルギーとなる．

2.5 地下の熱を使ってどのように発電するのか？

(ii) 主要な地熱発電用機器

次では，主要な発電用機器に関して概要を説明する[26].

(1) セパレータ設備

蒸気卓越型地熱貯留層の場合は取り出される地熱流体は蒸気だけなので，セパレータは必要ないが，熱水卓越型の場合，セパレータにより蒸気と熱水を分離する必要がある．セパレータには，蒸気を分離するだけでなく，蒸気中に含まれる懸濁物質や微小鉱物成分などの不純物成分を除去する役割も与えられており，タービンの安定運転上欠かすことはできない．

セパレータ設備は，蒸気と熱水を分離するセパレータ（気水分離器），分離後の蒸気に含まれる不純物成分を除去する蒸気清浄化設備（スクラビング設備），タービン入口の湿分を許容範囲まで下げる湿分分離器（スクラバ／デミスタ）などからなっている．

気水分離器には横置型の重力分離式と縦型の遠心分離式とがある．横置型のセパレータは，水と蒸気の比重差で分離するため，容器内流速を下げる必要があり，容器が大きくなることや，蒸気圧力が高いほど分離効率が低くなるなどの短所がある．縦型では，遠心力と塔内上昇速度がトレードオフの関係にあり，液滴が塔の壁に到達し捕捉されるだけの十分な時間を確保しなければならず，塔径や塔高が適切に設計される必要がある．

(2) 蒸気タービン

地熱用蒸気タービンの入口蒸気は，圧力0.1～2 MPa，温度100～200 °C程度の低温低圧蒸気である．したがって，利用できる熱落差が小さく，また出力に比して蒸気の容積流量が多い．そのため火力用蒸気タービンと比べると出力が小さく，単

2 地熱資源の探査・評価と地熱発電

機の最大容量も 150 MW 程度であり，20～60 MW 程度のものが多い．タービン形式は火力用蒸気タービンの低圧タービンに類似した多段復水タービンが用いられる．小容量のものでは単段タービンや背圧タービンが用いられることもある．ダブルフラッシュ式の場合は，低圧蒸気を中間段落に導入する混圧復水タービンが用いられる．

(3) 復水器

復水タービンの場合，タービンの排気は復水器に導かれて凝縮される．地熱発電所では復水を再利用する必要がなく，冷却水を排気に混合して蒸気を凝縮させる直接接触式復水器が用いられることが多い．

(4) 冷却塔

地熱発電のようにエンタルピーが低い蒸気を用いる発電プラントにおいては，タービン排気圧力の選定は，地熱エネルギーの有効利用という観点から重要であり，冷却水設備能力は出力に大きな影響を及ぼす．したがって，大気温度が高い夏季には発電出力が低下するのが一般的である．火力発電の場合，冷却水に大量の海水が利用できるが，地熱発電所は山間地に建設されるため，冷却塔を設置し大気により冷やす方法がとられている．冷却塔では冷却の目的で冷却水の一部は蒸発するが，復水により補給するように設計され，余剰の復水は還元井で地下に戻される．実は地熱発電所における冷却塔からの白煙は，稼働中の発電所において最も目立つものであり，冷却塔の設計においては景観上の配慮が十分なされるようになっている．

以上，主要な地熱発電用機器の概要を紹介したが，地熱発電所地域は酸性ガス（主に硫化水素ガス）雰囲気にあり，発電機器材料や各

種測定器の維持にも特に注意が図られている．日本の発電機メーカ（東芝・富士・三菱日立）はこの点で特に優れており，その結果，わが国は世界の地熱蒸気タービンの供給の約70％を占めるという圧倒的な強みを誇っている．

2.6　バイナリ発電とは？

　熱水しか得られないとか，蒸気があっても低圧の場合など，フラッシュ発電が適用できない場合はバイナリ発電[27]が検討される．バイナリ方式とは，地熱流体から水より沸点の低い作動媒体に熱交換することによって得られる気体を用いてタービンなどで発電を行う方式であり，沸点の低い媒体が得られれば，効果的に熱利用でき，建設費も低く抑えることができる．バイナリ（二つのという意味）と呼ばれるのは，地熱流体によるサイクルと水より沸点の低い作動媒体によるサイクルの二つから構成されているからである．この地熱バイナリサイクル発電が可能であることは以前から知られていたが，フラッシュ発電に比べて規模も小さく，一般に発電コストが高いため，従来は広がらなかった．しかしながら，いわゆる3・11（2011年）以降，国のエネルギー政策が大きく転換し，2012年7月には固定価格買取制度が導入された．電力会社が一定価格で再生可能エネルギー電気を購入することが義務づけられ，小規模地熱バイナリ発電でも十分経済性が成り立つようになり，10〜1 000 kW程度の小中規模地熱発電（既存の温泉井を利用したいわゆる温泉発電も含めて）が近年急速に広まってきた．2018年6月現在，日本全国50か所程度で稼働している．

　小規模地熱バイナリ発電はその熱力学的特性から次の三つに大別される．

2 地熱資源の探査・評価と地熱発電

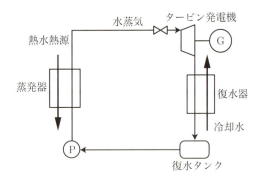

図2・28 最も単純なオーガニックランキンサイクル（大里，2014）

(1) 炭化水素系ガスを用いたオーガニックランキンサイクル

　イスラエルのオーマット社は，炭化水素系ガス熱交換媒体を用いたオーガニックランキンサイクル方式のバイナリ発電システムを，地熱発電を中心に数多く供給している．同社のシステムはユニット化，システム化されて供給され，媒体としては，使用する地熱流体の温度や流量，その他の条件からノルマルペンタン，イソブタンなど複数の媒体から適切なものを選択している．わが国では，認可出力2 000 kWのバイナリ発電設備が八丁原地熱発電所において稼働中である．温泉発電としては，福島県土湯（つちゆ）温泉で400 kWの設備が安定稼働しており，温泉発電として地元の復興にも大いに貢献している．バイナリ発電ではオーマット社は世界のトップメーカといえるだろう．

(2) 不活性ガスを用いたオーガニックランキンサイクル

　不活性ガスを二次媒体に用いるオーガニックランキンサイクルは，主にハイドロフルオロカーボン（HFC）などの冷凍空調機で使われる代替フロン系冷媒を媒体に利用するものである．

2.6 バイナリ発電とは？

発電プロセスは，原理的に冷凍空調機のプロセスを逆回りにしたものである．したがって，空調メーカが参入しやすく，多くの国内メーカが参入しており，激しい競争が続いているようである．不活性ガスは毒性がほとんどなく，引火性・腐食性もなく一定規模以内であればボイラ・タービン主任技師の選任が必要ないなど導入条件が緩和されている．

(3) アンモニア水を用いたカリーナサイクル

　高温温泉を熱交換器に導き，沸点が−33 ℃であるアンモニアと水の混合溶液を沸騰させてタービン発電機で発電を行う本サイクルは低温での発電が可能である．わが国でも，1999年から住友金属工業の鹿島製鉄所で3 450 kWが稼働しており，数千〜200 kW程度のアンモニア水サイクル発電はすでに技術的・商業的には確立されているといわれる．ただし，小形の発電設備の場合，不活性ガスと比較すると不利な点が多く事業性はあまりよくないようである．

世界あるいは国内でのバイナリ発電導入状況をみると今後の展開は，炭化水素系ガスあるいは不活性ガスを用いたシステムが期待されるのではないか．小規模地熱バイナリ発電は100 kWのもの100台を集めても10 000 kWになる程度であり，現在の日本の2030年度の地熱発電設備量の目標である「現在よりプラス1 000 000 kW」に貢献するには困難が多いが，これまでの事例をみても地域に十分貢献している例も多く，地域という観点からみると大きな価値があると思われ，今後とも導入の拡大に期待したい．また小規模地熱バイナリ発電は，単独では事業化がむずかしい場合，他の再生可能エネルギー発電とハイブリッドにして活路を広げることも可能である．すでにバイオマス発電や太陽光発電とのハイブリッド発電

2 地熱資源の探査・評価と地熱発電

所が建設されており，特にバイオマスとのハイブリッド発電所は将来性があるのではないか（熱利用も含めて）．地熱資源は山岳地に多く，バイオマス発電と相性が良いのではないか．地熱バイナリ発電はバイオマス発電とハイブリッド化し森林事業の活性化にも貢献できるのではないか．その結果，取り残されつつある日本の中山間地の復活再生にも貢献できるのではないか．大いに期待したいものである．

2.7　持続可能な地熱発電とは？

　以上で，地熱発電を行うために必要な地熱貯留層の発見，地熱貯留層からの蒸気の生産，そして取り出された蒸気から発電に至るまでのプロセスを地熱発電用機器の説明を含め，地熱発電の科学と技術に関する説明をしてきた．ここではそれらの話のまとめとして，持続可能な地熱発電の方法（長期間安定した発電を行うこと）について紹介して，次編の地熱発電の歴史・課題と次世代地熱発電の展望につなげたい．

　地熱発電は地熱貯留層から取り出した蒸気を利用して発電を行う．したがって，長期間安定した発電（持続可能な地熱発電）を行うためには，生産される蒸気量が長期間安定している必要がある．また，地熱地域は大規模なものもあるが，小規模なものもあり，地下から取り出すことのできる蒸気量には地域により限界（適正規模）があると考えられる．このへんが他の再生可能エネルギー，太陽光や風力などとは異なっている．太陽光や風力の場合は，取り過ぎということはなく，またそこにあるもの以上には取り出すことができない．

　図2・29に持続可能な地熱発電の概念を示した[28]．横軸は年数，

2.7 持続可能な地熱発電とは？

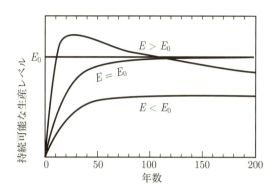

図2・29　持続可能な発電レベル E_0（Axelsson et. al., 2003）

縦軸は持続可能な発電レベル E_0 である．持続可能な地熱発電とは，それぞれの地熱発電所で各発電所固有の持続可能な生産レベル E_0 を長期間維持することである．地熱地域には大規模なものも小規模なものもあり，地域ごとに固有な持続可能なレベル E_0 が存在すると考えられる．もちろん地域ごとに別の値をとる．ある地域を想定すると，固有な持続可能な生産レベル E_0（生産蒸気量あるいは生産電力量）が存在する．例えば，生産初期に多数の生産井を掘って蒸気を生産すれば（$E > E_0$）当初の短期間は維持できても，やがて低下し，E_0 以下になってしまうだろう．それでは持続可能な発電にはならない．一方，生産量を小さめにとれば（$E < E_0$）そのレベルを長期間安定して維持することすなわち持続可能な発電が実現できる．しかし，この場合は使える地熱資源量の一部しか使っておらず，経済性が低いことになってしまう．

　そこで望ましいのは，開発のできるだけ早い段階で E_0 を見いだし，それを長期間維持していくことになる．

2 地熱資源の探査・評価と地熱発電

しかしながら，数値シミュレーションを使うにしても長期間にわたる正確な予測が必ずしも容易ではなく，事前に正確を期すことは困難である．そこでなにか抜本的な対策がないか．それが「持続可能な地熱発電を実現する」技術的方法である．そのような取組みをわが国最大の地熱発電所である大分県玖珠郡九重町にある，九州電力八丁原地熱発電所を例にして取り上げる．

八丁原地熱発電所は活火山九重火山中心部（九重硫黄山）の北西約 5 km に位置している．1977 年 7 月に 1 号機（55 000 kW）が運転開始した．運転が順調に継続されるなか，引き続き資源量調査が行われた．その結果，同規模の発電が可能との判断が行われ，1990 年 7 月より 2 号機（55 000 kW）の運転が開始された．2 号機運転開始当初は合計 110 000 kW が維持されたが，次第に減衰しはじめ 1992 年ごろには合計出力が 80 000 kW を切るほどになった．そこで種々の対策がなされ，1998 年ごろから回復傾向となり，数値シミュレーションによる適切な補充井掘削指針も功を奏し，2018 年 12 月現在安定運転を実現している．このプロセスに対してはすでに八丁原地熱発電所における数値シミュレーションの説明でも紹介した．

次では，重力変動観測からこの地熱貯留層の変化を捉え，持続可能な発電の手法を提案することができたので紹介する[29]．

九大地熱研究室では，2 号機運転開始直前（1990 年 6 月）から重力変動観測を開始し，出力変化そして回復のプロセスを重力変動観測から明らかにすることを試みた．重力変動観測とは発電所地域の地表において，多数の地点で，重力計により重力（地球の引力）を繰返し観測し，微小な重力変化を検出することによって，地下の質量変動（いまの場合は，地下に存在する流体質量の変動）を検出しようとするものである．

2.7 持続可能な地熱発電とは？

図2・30に八丁原地熱発電所の全景写真を示した．二つの冷却塔群（1号機および2号機に対応）からは真っ白な水蒸気（微小な水滴を含む）が放出されている．冷却塔手前の2階建ての建屋が発電所本館で，タービン・発電機などが設置されている．図の左側に生産ゾーン（深さはおおむね1 700～2 200 m）が展開しており，気液二相流体のまま発電所内のセパレータまで運ばれ，ここで気液分離され，蒸気はタービン入口に導入され発電に供される．発電された電気は図の右下やや下方に見える変電施設で昇圧され，送電線で電力系統線に送られる．仕事をした蒸気はタービン出口にある復水器で温水に凝縮され，冷却塔に運ばれて冷却後，タービン出口で蒸気冷却のために循環使用される．まだ高温高圧の分離された熱水は，フラッシャーに入れられ二次蒸気をつくり，タービン中段に併入され，発電に供される．残った熱水は図2・30の右側方向にある還元ゾーン

蒸気を上げているのは冷却塔．中央やや右側の建物が発電所建屋．生産ゾーンは図の左側．還元ゾーンは図の右側．温泉地域はそのさらに右側．

図2・30 八丁原地熱発電所全景（九州大学地球熱システム学研究室提供）

2 地熱資源の探査・評価と地熱発電

（深さはおおむね1 000～1 500 m）から地下に戻される．温泉は還元井よりさらに下流側（図2・30の右側外）にある．図2・31に八丁原地熱地域の南西～北東断面の地熱系概念モデルが示されている[30]．図2・31の左右はおおよそ図2・30の左右に対応している．図中左側に生産ゾーンがあり，発電所建屋を越えて図中右側に還元ゾーンがある．

　図2・32に重力観測地点を示す．これらの地点で，2号機運転開始の1990年7月直前から年4回程度重力測定を繰り返している．観測値には，種々の補正（ドリフト補正，地球潮せき補正，器機補正など）を行い，観測値相互を比較できるデータに化成している．現地における重力測定は相対測定であるので，地域外の基準点との重力差の経時変化を明らかにする．なお，比較のためときどき重力絶対測定

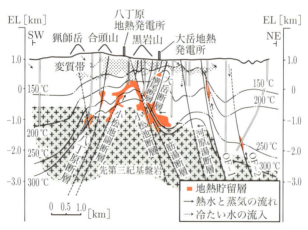

〔出典〕

図2・31　八丁原地熱発電所地下の熱水系概念モデル（籾田ほか，2000）

2.7 持続可能な地熱発電とは？

を行い，基準点での重力変動を監視している．図2・33(a), (b)に代表的な観測点での重力変動観測結果を示す．(a)は還元ゾーンの代表例，(b)は生産ゾーンの代表例である．重力値は，還元ゾーンでは2

　大岳地熱発電所（北側）と八丁原地熱発電所（南側）．八丁原地熱発電所の北西側に還元ゾーン，南東側に生産ゾーン．破線は貯留層深さでの断層位置．

図2・32　重力観測点（江原・西島，2004）

2 地熱資源の探査・評価と地熱発電

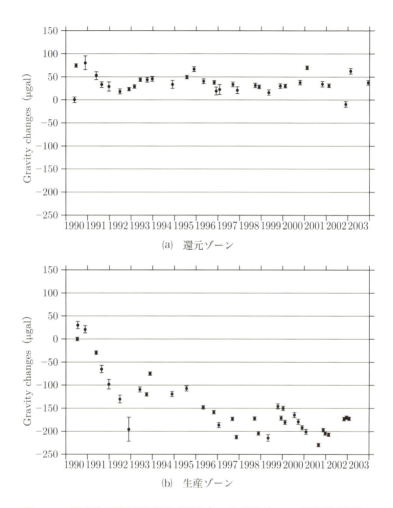

図 2・33　代表的な重力観測結果（還元ゾーンと生産ゾーンの代表例）（江原・西島，2004）

2.7 持続可能な地熱発電とは？

号機発電開始後（地熱流体生産開始後）上昇後下り，また上昇し次第に変化の振幅が小さくなり，変動しながらも安定している．これは次のように理解される．還元ゾーンでは還元開始後坑井周辺に還元熱水が一時的に停留し，ある程度熱水が蓄積する（圧力が高まる）と周辺部に流出していくことを繰り返しながら次第に安定化していくことを示しているとみられる．

一方，生産ゾーンでは地熱流体生産開始後地下の流体量が急激に減少し，重力は低下する．しかし，流体の減少につれて地熱貯留層圧力も減少し，周辺地域から流体が補給されるようになり，重力減少の程度は次第に小さくなり，変動しながらも次第に一定値に落ち着いてくる．図2・33(b)をみると地熱流体生産開始後7年程度で減少のトレンドはなくなり，変動しながらも安定化している．すなわち，生産開始後7年程度で，生産で失われる量と補給量がおおよそバランスしていることを示している．このことは坑井掘削後短期間の数か月程度の履歴データでは長期間の予測は本質的にむずかしいことを示している一方，重力変動観測が地熱貯留層内の流体存在量（もしくは圧力）をよく反映していることを示しているともいえる．実際地熱貯留層内に設置された圧力計の指示値とその直上に設置された重力観測点の重力値の変動の様子はよく一致している[31]．図2・34(a)，(b)に重力変動の空間的パターンについて（1日当たりの重力変動量で示している），運転開始直後1年間の重力変動期のパターン(a)と運転開始10年後の重力安定期のパターン(b)を示した．変動期では生産ゾーンで広範囲に重力減少ゾーンが存在し，また還元ゾーンでは広範囲に重力増加ゾーンが存在している．一方，安定期には広範囲の重力減少ゾーンおよび広範囲の重力増加ゾーンは消失している．しかしながら，狭い範囲の重力増加ゾーンと重力減少ゾーンが

2 地熱資源の探査・評価と地熱発電

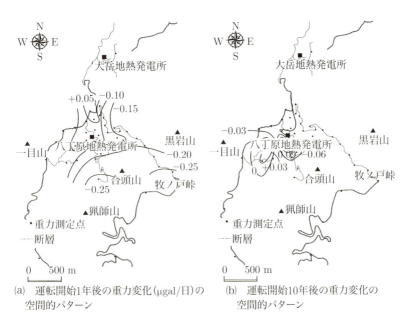

(a) 運転開始1年後の重力変化(μgal/日)の空間的パターン

(b) 運転開始10年後の重力変化の空間的パターン

■は発電所．発電所の南側に生産ゾーン，北側に還元ゾーン．

図2・34 重力値の空間的変化（江原・西島，2004）

存在している．これは大局的な流体流動は安定化しているが，数年ごとに生産井や還元井の補充掘削が行われていることに対応していると考えられる．

さてここで，重力安定期の1999年10月から2000年10月における1年間の地熱貯留層の水収支モデル（図2・35）を検討する．生産蒸気・熱水量および還元熱水量は坑口で測定可能で，生産流体量は22.7 Mt（メガトン），還元熱水量は14.4 Mtで差引き22.7 − 14.4 = 8.3 Mtの流体質量がこの1年間に失われた．冷却塔から大気中に放出されたものと考えられる．一方，失われた流体質量は重力変動

2.7 持続可能な地熱発電とは？

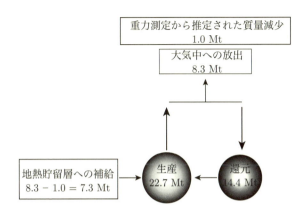

図2・35　発電開始10年後の地熱貯留層の水収支モデル（江原・西島, 2004）

分布図を使って独立に算出でき，1.0 Mt が得られた．すなわち，地熱貯留層から8.3 Mtの流体が失われているのに，重力変動観測から算出される失われた流体質量は1.0 Mtにすぎない．この差 8.3 − 1.0 = 7.3 Mt はなにか．実はこれは周辺地域から補給された流体量である．このことは運転開始後10年程度でも，失われた8.3 Mtのうち約90％の流体が補給されていることを示している．これは地熱発電に伴って大量の地熱流体が生産されているが，一定時間以降かなりの流体（還元水を含む）が自然に補給されるということである．このような持続可能な生産還元が行われていけば，地熱貯留層内の流体量は安定的に維持されると考えられる．

一方，地熱貯留層数値モデリングから[22]，地下の流体に関して次のように指摘されている．貯留層外から46％，還元により48％の流体が補給されていることを示している．それゆえ，生産流体の 94（= 46 + 48）％が補給されていることを示している．これは，

2 地熱資源の探査・評価と地熱発電

国際基準に照らすと，持続可能な状態がほぼ実現していることを示している．実際に，現在重力は全体として増加も減少もみられずほぼ一定である．なお，還元熱水の回帰率を 75 % と仮定すると，数値シミュレーションから推定した水収支モデルと重力観測結果の水収支モデルとほぼ一致する．このように八丁原地熱発電所では地熱貯留層内外の流体収支はほぼバランスしているとみなされる（いい換えると，水収支はほぼ持続可能の状態にある）が，冷えた還元熱水が多量に地熱貯留層に戻るので，適切な還元方法（還元井の位置や深さ）を今後検討する必要がある．現在，還元方法については十分検討されており，年間の貯留層温度の低下は 0.3 ℃ 程度にすることができており，大きな問題にはなっていない．ただ，長期間経過した場合温度影響低下の可能性がなくはないが，還元方法の検討や発電機器の改良あるいはバイナリ発電の導入等で対応することが求められるだろう．

　最後に，八丁原地熱発電所の例をとり，持続可能な地熱発電のあり方を考えてみよう．図 2・36 をみていただきたい．横軸は年数，縦軸は持続可能なレベル E_0 である．八丁原地熱発電所では 1977 年 7 月に 55 000 kW の発電設備（1 号機）が設置され安定発電が継続された．その経験に基づき，1990 年 7 月に 55 000 kW の発電設備（2 号機）が追加された．途中一時的には発電量が減ったが，その後回復し，2018 年 12 月現在安定した発電が継続されている．これは重力変動が安定していることからも理解できる．一方，数値シミュレーションから，八丁原地域の地熱貯留層から長期間安定して発電可能なレベルは 120 000 kW 程度と予測されている[22]．現有設備容量は 110 000 kW であり，現在の発電レベルを 100～200 年という長期間維持していくことは必ずしも容易ではないが実現されることを期

2.7 持続可能な地熱発電とは？

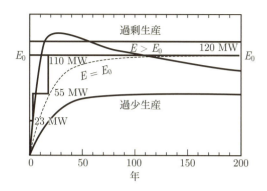

図 2・36　八丁原地熱発所の持続可能な発電（江原・西島，2004）

待したい．長期間の運転で予期しない事態が発生しないとは限らないが創意工夫で持続可能な発電を継続してもらいたいものである．

　持続可能な発電が実現できると，発電事業の経済性が良くなるだけでなく，補充井の掘削も必要最小限となり，また同時に温泉への影響を最小限に止めることもできる．すなわち，経済性も環境適合性も大いに高めることができる．したがって，地熱発電においては，「持続可能な発電」技術は欠かすことができない．

地熱発電の歴史，課題と次世代地熱発電の展望

3.1 日本の地熱発電・世界の地熱発電の現状は？

(i) 日本の地熱発電の歴史

　日本は火山列島上にあり，多くの火山が存在し，それらは地球科学的には，北海道，東北，伊豆マリアナ諸島の火山を結ぶ東北日本火山帯と中国，九州から西南諸島の火山を結ぶ西南日本火山帯に分けられる．火山の麓には天然に湧出する温泉も多く，古来より入浴に利用されてきた．火山性温泉ではないが，愛媛県の道後温泉は8世紀前半に書かれたわが国最古の歴史書「古事記」にもその記載がみられる．しかし，おそらく日本列島に人類が住みついたころから，入浴用，場合によっては調理等にも利用されてきたことであろう．

　さて，このような地球の熱を単に熱として使うだけではなく，それを力学的な仕事（蒸気によりタービンを回す）に変換し，さらに電気に変換して使うことが考えられたのはそれほどむかしのことではない．産業革命の起こったヨーロッパでそのような動きが始まったのであるが，わが国での導入はそれほど後れをとっているわけではない．以下では，火力原子力発電技術協会による地熱開発年表[1]他に基づいて，わが国および世界の地熱開発の概要をたどってみることにする．

　いまから100年前の1918年，海軍中将山内万寿治氏は将来の石炭の枯渇に備え，その代替エネルギーとして地熱発電を考え，全国

3 地熱発電の歴史，課題と次世代地熱発電の展望

の適地調査を行い，翌1919年大分県別府温泉（現在の坊主地獄付近）で掘削を行い（坑径12 cm程度，深さ30 m程度）蒸気噴出に成功したといわれる．山内中将の先見の明には驚かされる．これは世界で最初に天然蒸気を利用した発電が行われたイタリア・ラルデレロでのコンティ侯爵の実験（1904年）からわずか15年後のことである．

　山内中将死後の1924年，大分県の高橋廉一氏は上記の噴気孔を譲り受け，東京電灯（現在の東京電力）に援助を要請，翌1925年東京電灯研究所長太刀川平治氏が引き継ぎ，噴気井を「鶴見噴気孔」と命名，これを用いた発電実験を試み，出力1.12 kWの地熱発電をわが国で初めて成功させた．これは，イタリアのコンティ侯爵による世界最初の地熱発電成功の21年後のことであった．太刀川博士はそれらをまとめた『地熱發電ノ研究』を発行している．その中には，「第六章　鶴見噴気孔」「第七章　地熱利用第一發電所」「第八章　地熱利用第一發電所運用上の経験」が含まれており，貴重な資料となっている[2]．調査に基づき適地を決定，実際に掘削を行い，蒸気を噴出させ，さらに蒸気タービンを設置して実際に発電を行った一連の調査研究は，基本的には現在の地熱発電所建設の流れと同じものであり，後世，地熱発電事業に携わることになった人々に大きな勇気を与え続けたことは確かであろう．

　このような太刀川博士の先駆的な調査研究のあと，太刀川博士自身，1927年に大分県大岳温泉で深さ90 mの掘削を行い蒸気噴出に成功している．この調査研究そのものは発電には結びつかなかったが，その40年後1967年に九州電力大岳地熱発電所が運転開始したことの重要な伏線となったことは間違いない．

　一方，1926年には別府温泉に京都大学理学部附属地球物理学研究所（現在の同大理学研究科附属地球熱学研究施設）が設置され，地熱・

3.1 日本の地熱発電・世界の地熱発電の現状は？

温泉に関する学術的研究が開始された．そして第二次世界大戦終戦すこし前の1940年には，九州帝国大学（現在の九州大学）の山口修一博士，小田二三男博士らが静岡県賀茂郡南中村（現在の南伊豆町）で研究用ボーリングを計画して（実際には機械を徴用され，掘削は中止されたといわれる），学術的な背景も芽生えはじめた．

第二次世界大戦終了後の1946年，GHQ（連合国総司令部）が中心となって地熱開発が提唱され，宮城県に地熱開発利用協会が発足，1947年には，それ以降わが国の地熱調査研究の中心となる地質調査所が開発地域選定のための調査研究を開始した．1948年には工業技術庁（後の工業技術院）が設置され，地質調査所とともに調査研究を行い，1951年には別府実験場で30 kWの発電に成功した．さらに地質調査所は1951年大岳地域で地熱調査開始，1952年九州電力が大岳地域で地熱開発調査開始，1955年地質調査所が岩手県松川地域で地熱調査開始，1956年東化工（現在の日本重化学工業）が地熱開発調査を開始した．

以上のような調査研究が実を結び，1966年には岩手県松川地熱発電所（認定出力は当初9 500 W，現在は23 500 kW）が，翌年1967年には大分県大岳地熱発電所（運転開始当初11 000 kW，後には12 500 kW）が運転開始し，わが国の地熱発電の幕が切って落とされた．松川地熱発電所はわが国最初の蒸気卓越型の地熱発電所であり（これにちなみ，2016年に，10月8日が「地熱発電の日」に制定された），大岳地熱発電所はわが国最初の熱水卓越型の地熱発電所であった（2018年12月現在リニューアル中．2019年運転開始予定）．

松川・大岳両地域以外でも東北地域および九州地域で地熱発電開発調査が行われ，1974年秋田県に大沼地熱発電所（当初6 000 kW，現在9 500 kW），宮城県に鬼首地熱発電所（当初9 000 kW，

103

3 地熱発電の歴史，課題と次世代地熱発電の展望

その後，15 000 kW，2018年12月現在リニューアル中）が運転開始し，1977年に八丁原地熱発電所1号機（当初23 000 kW，その後55 000 kW），1978年には岩手県に葛根田地熱発電所1号機（当初50 000 kW，現在も50 000 kW），1982年には北海道に森地熱発電所（当初50 000 kW，現在25 000 kW）が運転開始した．1970年代には二度のオイルショックを経験し，わが国政府も石油代替エネルギーとして，国の事業「サンシャイン計画」などを通じて全国規模の地熱開発に積極的に力を入れ（全国地熱基礎調査，地熱開発精密調査，開発基礎調査，全国地熱資源総合調査，地熱開発促進調査等），地熱発電所建設におけるリスク低減に貢献するとともに，地熱発電所建設に貢献した．1990年には八丁原地熱発電所2号機（当初55 000 kW，現在も55 000 kW，2006年4月2000 kWのバイナリ発電追加），1993年には秋田県に上の岱地熱発電所（当初27 500 kW，現在28 800 kW），1994年には鹿児島県に山川地熱発電所（当初30000 kW，現在も30 000 kW，2018年2月4 990 kWのバイナリ発電追加），秋田県に澄川地熱発電所（当初50 000 kW，現在も50 000 kW），1995年には岩手県に葛根田地熱発電所2号機（当初30 000 kW，現在も30 000 kW），福島県に柳津西山地熱発電所（当初65 000 kW，2017年8月に30 000 kWへ変更），鹿児島県に大霧地熱発電所（当初30 000 kW，現在も30 000 kW），1996年には大分県に滝上地熱発電所（当初25 000 kW，その後27 500 kWに追加．さらに，2018年3月より5 050 kWのバイナリ発電追加），1999年には東京都に八丈島地熱発電所（当初3 300 kW，現在も3 300 kW）が運転開始した．その間，中小規模の地熱発電所（大分県に杉乃井地熱発電所：現在1 900 kW，鹿児島県に霧島国際ホテル地熱発電所：現在100 kW，大分県に九重地熱発電所：現在990 kW）が運転開始した．なお，熊本県岳の湯地熱発電所（認可出力50 kW）は

1991年運転開始，2002年に廃止となっている．その後，わいた地熱発電所（熊本県阿蘇郡小国町，1 995 kW．2015年6月に運転開始）やメディポリス指宿地熱発電所（鹿児島県指宿市，1 580 kW．2016年2月に運転開始）など中規模発電所が建設されている．このほか，10〜数百 kWの小規模地熱発電所が日本各地で建設され，2016年度末（2017年3月31日），45地点59ユニットとなっており，総設備容量は527 413 kWに達している[1]．

このようにわが国の地熱発電は1966年に松川地熱発電所が運転開始し，その後順調に増加してきたが，1997年以降は10 000 kWを超える本格的な地熱発電所が建設されることはなく，地熱発電停滞の傾向にあった．しかし，2011年3月に発生した東日本大震災および福島第1原子力発電所事故はわが国のエネルギー政策を根本から見直す必要が生じ，あらためて地熱発電が見直されることとなった．その結果，2018年12月現在，国の地熱発電目標「2030年度までに現在の3倍1 500 000 kW」をめざし，日本各地で地熱発電所建設をめざして，地熱資源調査および発電所建設が行われている．それらの過程についてはのちにあらためて述べることとする．なお，図3・1に，わが国の地熱発電の発電端出力の推移を示した[1]．

(ii) 世界の地熱発電の歴史

前節ではわが国の地熱発電の歴史を概観したが，本節では世界の地熱発電の歴史を概観する．それによってわが国の地熱発電の問題点も見えてくると考えられる．

古代ローマ帝国の市民は温泉を好んだといわれ，いまでもその遺跡，例えばカラカラ大浴場が観光名所として知られている．このような地熱利用の最も始原的な形である温泉利用は世界各地で行われてきたと考えられる．そして，浴用だけでなく，調理用などとして

3 地熱発電の歴史，課題と次世代地熱発電の展望

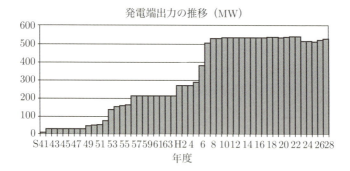

図3・1 わが国の地熱発電所の発電端出力の推移（火力原子力技術協会，2018）

も世界各地で利用されてきたことと考えられる．しかし，この地熱エネルギー，特に高温蒸気を使って電気を起こした（地熱発電）のはそれほどむかしのことではない．

地熱発電を実現するためには，第一に蒸気機関が発明されることが必要であり，タービンの回転運動から電気を生じさせるための電磁誘導の原理を知らなければならない．蒸気機関は1712年ニューメコンによって実用機がつくられ，18世紀半ば1765年にイギリスのワットによって改良されたといわれる．そして，電磁誘導の原理がファラデーによって発見されたのは1831年といわれている．エジソンの電灯の発明は1879年といわれている．電球（白熱灯）の本当の発明者はエジソンとは別の人で，エジソンは事業用に改良した人であるともいわれているが，いずれにしても電球が実用化されたのは19世紀の後半である．

そのような準備段階を経て天然の蒸気を使って，世界で初めて地熱発電が行われたのが1904年イタリア北部トスカナ地方のラルデ

3.1 日本の地熱発電・世界の地熱発電の現状は？

レロであった．それまで，このラルデレロでは天然蒸気中に含まれるほう酸の採取が行われていた．これも地熱利用の一形態である．この1904年のときの地熱蒸気タービン発電機の出力は0.75馬力（約1.33 kW）であったといわれている．もうもうたる蒸気の中で，タービンを回し世界で初めて地熱を使って電気を起こしたときの技術者ピエロ・コンティの気持ちは得意満面なものであったと考えられる．筆者も，出力1 kWのマイクロ蒸気タービン発電機を製作し，火山地域の天然蒸気を使って発電実験を行い，実際に電灯がついたときは，ピエロ・コンティの実験から90年近くたっていることになるが，そのときの感動はいまでもよく覚えている．

　さて，ラルデレロではその後順調に地熱発電が進展し，第二次世界大戦中の1942年には総出力は120 000 kWを超えるまでに成長した．しかしながら，第二次世界大戦の戦場になり，すべてが破壊されてしまった．ところが，歴史とはおもしろいもので第二次世界大戦中にラルデレロに駐留したニュージーランド軍の兵士がこの経験を持ち帰り，1956年ニュージーランド北島のワイラケイで世界最初の熱水卓越型地熱発電所が立ち上がるのである．実はラルデレロは，地上で生産されるのは蒸気だけの蒸気卓越型地熱地域といわれ，蒸気をそのままタービンに送り込み発電を行う簡単な方式であった（実際には天然蒸気をそのまま使ったのではなく，清水を天然蒸気で加熱蒸発させた蒸気が使われた．いってみればバイナリ発電の始まりでもある）．一方，ワイラケイでは地上にもたらされるのは蒸気と熱水が混合した気液二相の地熱流体で，このような地域は熱水卓越型地熱地域と呼ばれる．当時，熱水が含まれている地熱流体では地熱発電は行えないと考えられていたが，ニュージーランドではセパレータといって蒸気と熱水を分離する機器を通すことによって，蒸気だけ

107

3 地熱発電の歴史,課題と次世代地熱発電の展望

を取り出し地熱発電が行えることを実証した.このことは,当時,熱水卓越型の大分県大岳地熱地域で地熱発電をめざしていた九州電力に大きな力になり,停滞していた地熱発電研究が再開され,1967年にわが国最初の熱水卓越型地熱発電所として運転を開始したのであった.

第二次世界大戦終了後,ラルデレロでは地熱発電が再開され,1956年にはニュージーランド北島のワイラケイで熱水卓越型地熱発電所が初めて建設され,1960年にはアメリカ西海岸カリフォルニア州のガイザーズでも同国最初の地熱発電所(蒸気卓越型)が建設された.一方,わが国最初の地熱発電所の建設は岩手県松川地熱発電所(蒸気卓越型)で1966年であった.松川地熱発電所はラルデレロ,ガイザーズと同じく蒸気卓越型地熱発電所である.このように第二次世界大戦後,世界各地で地熱発電所が建設されはじめたが,

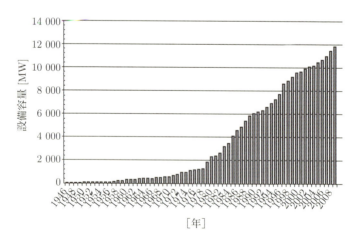

図3・2 世界の地熱発電設備容量の進展(Bertani,2015)

3.1 日本の地熱発電・世界の地熱発電の現状は？

その進展は遅々たるものであった.

図3・2に第二次世界大戦後の1946年から2010年までの世界の（地熱発電設備容量の進展状況を示した[3]. これをみると, 世界の地熱発電は1970年代まではわずかな伸びを示しているにすぎなかったが1980年代に入って急速な発展を示している. これはいったいどうしてか. 1970年代には二度のオイルショック（1973年および1979年）が発生した）. オイルショックは, それまで安価で安定した供給が可能であった原油が, 大幅に価格が上昇するとともに, 供給の安定性は政治の安定性に大きく依存していることがわかり, 世界各国はエネルギー供給のリスクを考慮して, 石油代替エネルギー開発をめざした.

しかしその後, 原油価格が安定し原油供給量が確保されるようになると, 再び原油に目が向けられた. それに影響を受けて地熱開発の進展も鈍ってしまった. しかしながら, 1990年代の後半以降, 世界の地熱発電は再び上昇を開始した. そして2000年に入って一時停滞したように見えたが, 再び増加し2010年には世界の地熱発電設備量は11 700 000 kWを超え, それ以降さらに, アメリカやインドネシアを中心に地熱発電所の建設が進み, 2015年には18 500 000 kWを超えるとみられていた. 実際には2015年時点で12 600 000 kW程度である. しかしながら, 近年アフリカ諸国あるいはアジア諸国で地熱発電開発が急速に進展しているので, 20 000 000 kWを超えるのもそう遠いことではないだろう. 日本も世界の進展から取り残されないよういっそうの努力が必要だろう. そのためには, まず2030年度に国の目標累積1 500 000 kWを達成することである.

このような世界の地熱発電の急激な進展はなにによるのか. それは地球温暖化問題の顕在化と考えられる. 地球温暖化による地球環

3 地熱発電の歴史，課題と次世代地熱発電の展望

境の悪化を報告したIPCC（気候変動に関する政府間パネル）によるレポートは産業革命以後，世界の気温は確実に上昇し（100年間で約1℃），その原因としてほぼ化石燃料の燃焼によるものと断定し，この傾向が今後も続くことになればグローバルな気候変動を生じかねないとの警告を発した[4]．化石燃料燃焼による発電から二酸化炭素（CO_2）の出ない発電方式への転換が求められたのである．そして，地熱発電を含む再生可能エネルギー利用へと転換するか，あるいは原子力発電へ転換するかが求められた．

　世界は，デンマークのように石油以外のエネルギー，さらに再生可能エネルギーへと舵を切った国々と，日本のように原子力発電に舵を切った国に分かれた．地震活動や火山活動などの地殻活動が世界で最も活発にもかかわらず，狭い国土に多くの原子力発電所を近接して建設するというわが国の選択が福島第1原発事故を招いたことはご承知のとおりである．また，地熱発電という観点からすると，オイルショック後の一時期，わが国は地熱発電に力を入れたが，1990年代以降消極的になり，一方，原子力発電を大きく伸ばし，わが国総発電量の30 ％を超えるまでになったが，地熱発電はわが国総発電量の0.3 ％に止まってしまった．

3.2　3.11前後のわが国における地熱開発の現状と課題は？

　さて，わが国の商業用地熱発電の歴史をあらためて示しながら，わが国における地熱開発の現状と課題を探ってみることにする．1966年岩手県松川地熱発電所（蒸気卓越型）が運転を開始し，翌1967年には大分県大岳地熱発電所（熱水卓越型）が運転を開始した．その後，1982年まですこしずつ増加し設備出力は200 000 kWを超えた．しかし，その後7年間程度新たな地熱発電所の建設はなかっ

3.2　3.11前後のわが国における地熱開発の現状と課題は？

たが1989年以後，特に1994年以降急増し，1996年には500 000 kWを超えた．その結果，世界第5位の地熱発電国になった．しかしながら，1999年の八丈島地熱発電所運転開始以降，近年まで新たな地熱発電所の建設はなかった．なお，2006年に八丁原地熱発電所に2 000 kWのバイナリ発電設備が追加導入された．

　この間，国の地熱エネルギー政策はどうであったろうか．1970年代の二度のオイルショックのあと，石油代替エネルギーの開発に力を入れることになり，サンシャイン計画のもとで，太陽，石炭，水素と並び，地熱エネルギーが促進された．特に1980年から1997年までは年間100億円を超える予算が投入され，その結果，わが国には20 000 000 kWを超える地熱資源があることが明らかにされるとともに，1990年代の地熱発電所建設ラッシュを導き，また，世界をリードする技術開発も進んだ．しかし，1990年代後半以降，国は地熱発電に対し急速に関心を失い，新たに定義された「新エネルギー」からの地熱フラッシュ発電の除外（バイナリ発電のみ可能），RPS法（電気事業による新エネルギー等の利用に関する特別措置法）適用からの地熱フラッシュ発電の除外，技術開発の停止，地熱予算の急激な削減が続き，2010年にはいわゆる事業仕分けにより，国が先導する地熱開発促進調査も終了となり，2011年には経済産業省の地熱関係予算はほとんどなくなり，地熱発電関係予算としては，温泉バイナリ発電関係の環境省予算のみになってしまっていた．このような政策の縮退は，国による投資の割に，得られた成果が少ない（地熱発電所の建設が少ない）との説明がなされたが，実際には原子力発電への傾斜の結果といえる．国による各種の技術開発，そして国による先導的な資源量調査が行われたとしても，それだけでは民間事業者による地熱発電所建設までにいたるのは経済面から非常

3 地熱発電の歴史，課題と次世代地熱発電の展望

に困難であった．1990年代に地熱開発促進調査結果に基づいて発電所が多数建設されたが，その場合でも，地熱開発促進調査終了後，平均7年間の企業調査のあと，地熱発電所の運転開始にいたっているのである．電力自由化のもと，高リスク低リターンの地熱発電事業に対して何のインセンティブもない状態では，地熱発電所の新規建設は個々の事業者にとっては全く困難であったといえる．

　しかしこのようななか，2006年ごろからすこしずつ転換の兆しが現れ，経済産業省資源エネルギー庁内に「地熱発電に関する研究会」が組織され，2008年6月には中間報告[5]が出され，わが国における地熱発電の厳しい現状が総括されるとともに，地熱発電促進に向けての種々の環境整備が提言され，国の地熱政策が変わる期待がもたれた．しかし，それは経済産業省全体さらには政府全体を動かすところまでにはいたらず，2011年3月11日の東日本大震災および福島第1原発事故を迎えることになってしまった．そして，その午の7月までは表面上地熱政策に対する何の新しい動きも見えなかった．一方，わが国地熱発電促進における大きな障壁は「発電コスト問題」，「自然公園問題」，そして「温泉問題」の三つにあることは明白であった．以下では，これらの問題に係るいわゆる3.11前後におけるわが国の地熱政策の転換を述べるところからはじめ，三つの障壁についてやや詳しく触れてみることにする．

　いわゆる3.11は巨大地震・巨大津波を発生させるとともに，深刻な福島第1原発事故を引き起こし，わが国のエネルギー政策は根底から見直されることになった．そのようななかで，地熱エネルギー（地熱発電）はどうであったのか．実は，3.11後2011年7月までは，地熱エネルギーに関する国の政策はそれ以前と全く変わらなかった．しかし，2011年7月から大きく変わりはじめることになった．経

3.2　3.11前後のわが国における地熱開発の現状と課題は？

済産業省資源エネルギー庁の中では，新たに資源・燃料部が中心となって，地熱発電推進に動きだすことになった．2011年12月20日，経済産業省は資源・燃料の安定供給確保のための先行実施対策の「地熱資源の開発」の項目の中で，「我が国のエネルギー需給構造の課題や現下のエネルギーを取り巻く状況を鑑みれば，環境適合性に優れた長期固定電源の開発は喫緊の課題であり，中でも，安定的な供給が期待され，かつ純国産エネルギー資源である地熱資源の開発を早急に進める必要がある」と表明し，明確に地熱発電推進策に転換した．これは1970年代のオイルショック後のサンシャイン計画時に匹敵する明確なメッセージとなった．そして，地熱資源開発について，調査から建設段階でのリスクマネー供給体制を強化するとともに，開発規制について環境省などとの調整を進め，JOGMEC（石油天然ガス・金属鉱物資源機構）に地熱資源開発事業を追加し，これまでのノウハウ・ネットワークを活用する方針が立てられた．そして2012年度予算で，初期投資コスト負担の軽減に，補助金として90.5億円（一般会計予算要求額），出資として50億円（産投要求額），建設費用の資金調達の支援の債務保証として10億円（産投要求額），合計152.5億円の要求をすることになった（実際にほぼ実現された）．このほか，地熱開発に関する規制の緩和および地熱発電による電気を一般電気事業者が固定価格で買い取ることにした（固定価格買取制度施行）．一方，環境省も温泉バイナリ発電を中心とし，総額10億円を超える予算要求をすることになり，両省合わせて160億円を超える要求となり，サンシャイン計画以来の国による地熱開発支援体制ができあがった．そして，その後も2018年12月現在まで，毎年200億円前後の予算がつけられる状況になった．このように，地熱発電に関する国の支援体制が再構築されるなか，わが国の地熱開

3 地熱発電の歴史，課題と次世代地熱発電の展望

発の障壁となっていた三つの課題，「発電コスト問題」，「自然公園問題」そして，「温泉問題」はどのように展開しつつあるのか，以下で具体的に紹介することにする．

(i) 発電コスト問題

電力自由化の流れのなか，原子力発電や石炭火力発電に比べて発電コストが高いとみられていた地熱発電は，当然のように新規電源として採用されることはなく，1999年に八丈島地熱発電所（3 300 kW）が建設された以降，新規の地熱発電所は建設されてこなかった．技術開発あるいは許認可手続の短縮化などによりコスト改善は可能であるが，それらは時間のかかるプロセスである．そこでこのコスト問題の解決で最も期待されたのが，適切な固定価格買取制度（FIT：Feed -In Tarif）の導入であった．3.11以前，FITの当初の議論では，対象全再生可能エネルギーで一律価格，1 kW·h当たり15〜20円程度が取りざたされていた．そして新制度導入による家計に与える影響のみが強くけん伝された．このままでは仮に新しいFITができても，再生可能エネルギーの新規導入促進は困難でRPS制度の二の舞になることを案じていた．「仏作って魂入れず」である．

しかし，3.11以降の再生可能エネルギー導入の議論，そして適切な委員構成となった国の委員会（経済産業省の調達価格等算定委員会）は2012年4月25日，1 kW·h当たりの買取価格案を発電種別に提示した．それによると地熱発電に関しては，設備容量15 000 kW以上は26円（買取期間15年，税別），15 000 kW未満は40円（買取期間15年，税別）となった．この価格設定は新規の地熱開発にとって強い基盤となると考えられた．現在の制度では，7 500 kW未満は法的環境アセスが必要とされていないことから（都道府県によって

3.2 3.11前後のわが国における地熱開発の現状と課題は？

は，それよりも下の5 000 kWが設定されているところもある），比較的短期間での導入が可能であり，当面数千kW規模の発電が特に進展する可能性が考えられた．もちろん，7 500〜10 000 kW級の規模の大きなもの，あるいは100 kW級の温泉バイナリ発電にとっても上記買取価格は強い後ろ盾となった．なお，地熱発電は他の再生可能エネルギーに比べ，地下資源特有のリスクがあり，このFITだけではカバーしきれないところがあるが，上記で述べた2012年度以降における国による各種支援策はそれを補うものであり，地熱発電停滞の大きな原因となっていた発電コスト問題は大きく改善されたといえる．ただし，FIT価格による上乗せ分は最終的には消費者（国民）が支払うわけで，事業者は発電コスト低減の努力が必要である．

　その後，主として小規模バイナリ発電の導入が進み，2018年3月末1 000 kW未満の発電所は全国46か所，1 000 kW以上の発電所は，滝上バイナリ発電所（5 050 kW，大分県玖珠郡九重町），菅原バイナリ発電所（5 000 kW，大分県玖珠郡九重町），わいた地熱発電所（熊本県阿蘇郡小国町，1 995 kW，フラッシュ式），メディポリス指宿発電所（鹿児島県指宿市，1 580 kW，バイナリ），山川バイナリ発電所（鹿児島県指宿市，4 990 kW）の5か所が建設されている．大規模地熱発電所は開発リードタイムが長く，2000年以降新規発電所が建設されていないが，2019年1月松尾八幡平地熱発電所（岩手県八幡平市，7 499 kW）が運転開始した．さらに2019年5月山葵沢地熱発電所（秋田県湯沢市，46 199 kW）が運転開始した．その後東北・北海道地域を中心に大規模発電所が運転開始予定である．2018年12月現在，2030年度に累積1 500 000 kWを実現すべく，全国各地100か所以上で地熱資源調査あるいは発電所建設が行われている．

115

3 地熱発電の歴史，課題と次世代地熱発電の展望

（ii）自然公園（国立公園・国定公園）問題

　発電量に換算して20 000 000 kW以上と推定されているわが国の地熱資源量のうち80％以上は自然公園特別地域・特別保護地区内に存在することが知られていたが[6]，従来この中に地熱発電所をつくることができないばかりか地熱資源調査もできなかった．この問題に関して，環境省は2011年度に検討会をつくり議論を行った．その結果に基づいて，当初，特別地域外から特別地域内への掘削だけを認める発表（いわゆる斜め掘りの許可）を行った．しかし，これはないよりはましな制度であるが量的にはほとんど効果のない策であり，批判があがり，最終的には一定の条件を満たす（地域の合意があり，環境保護が留意されている"優良事例"）ならば，特別地域2・3種では地熱発電所を建設することができるようになった．さらに，特別保護地区，特別地域1種でも地表調査ができるように改善された．

　さらに，環境省から発表された骨子案によると，「現下の情勢にかんがみ，特に，自然環境の保全と地熱開発の調和が十分に図られる優良事例の形成について検証を行うこととし，以下に掲げるような特段の取組が行われる事例を選択した上で，その取組の実施状況等についての継続的な確認を行い，真に優良事例としてふさわしいものであると判断される場合は，掘削や工作物の設置の可能性についても個別に検討した上で，その実施について認めることができるものとする」として個別ケースに限定したうえ，地熱発電事業者と地方自治体，地域住民，自然保護団体，温泉事業者などの関係者との地域における合意の形成など四つの条件を満たす場合に，自然公園特別地域2・3種内での地熱発電所の建設を認める方針を打ち出した．これは一定の前進であるが，認可について具体的な基準等を示しておらず，総論賛成各論反対ということになる可能性があり，

3.2 3.11前後のわが国における地熱開発の現状と課題は?

透明性をもった判断ができるような基準づくりが必要と考えられる.
これらに関しては明確な基準が作成される段階にいたってはいない
が,個別地域に関して環境省によるヒアリング等が開始されている.
一方,地熱開発事業者も自然環境に適合した地熱発電所建設に向け
た技術的検討を進めている.環境省が適切な基準を示し,自然環境
と適合した地熱発電所の建設が前進することを大いに期待したい[7].
このような経過のなかで,2018年12月現在,特別保護区内では掘
削調査あるいは発電所の建設は認められてはいないが,特別保護区
の外から特別保護区地下への掘削は,特別保護区内の自然噴気等に
影響をしない範囲で,掘削調査が認められるようになった.その結
果,自然公園内の80%以上が従来地熱発電の対象外であったが,
可能地域が大きく広がり(70%程度まで可能に),地熱発電が広がる
背景が形成された.一方,開発側も自然公園(特別保護区・特別地域)
内での調査にはヘリコプターを使用し,空中から地熱探査を行い(地
域内の貴重鳥類であるオオタカなど猛きん類の巣作りや子育て期は調査を
避けるなどの配慮のもと),また,地熱発電所が周辺景観と調和する
よう「エコロジカラル・ランドスケープ手法」など新しい環境技術
を取り入れるなどの工夫を行い,環境と共生する地熱発電所建設を
心掛けている.

(iii) 温泉問題から地域共生へ

この問題は地熱発電所が建設されると近くの温泉が枯渇して営業
ができなくなる可能性があるとして,一部温泉関係者が地熱発電所
の建設に反対し,調査さえも行えない状態がある問題で,地熱発電
推進上大きな障害となっていた.この問題に対しても,環境省は
2011年度に検討し,地熱開発の各段階における掘削許可に関する
判断の目安を示すとともに,地元での協議会の設置やモニタリング

3 地熱発電の歴史，課題と次世代地熱発電の展望

を推奨する「温泉資源の保護に関するガイドライン（地熱発電関係）」を策定した[7]．このガイドライン作成のスタートになった，地球環境時代における地熱発電の推進に資するためには，ガイドラインの適切な運用がぜひとも必要である．しかし，このようなガイドラインに対しても，一部の温泉関係者は反対を表明し，さらに反対運動を強めている状況もある．

わが国ではすでに50年を超える地熱発電の歴史があるが，地熱発電の影響で温泉が枯渇して営業ができなくなった温泉は1か所としてなく，むしろ既設地熱発電所とその周辺の温泉地は良好な関係を保ってきている．また，温泉利用と地熱発電利用との共生が可能であることは科学的にも技術的にも説明されてきている[8]．さらに，温泉関係者の中には高温温泉をまず温泉バイナリ発電に利用し，一定程度温度の下がった温泉水を浴用などに使うというきわめて賢い温泉の有効利用法を採用しようとされる方々が増えてきている．

2011年12月からは新潟県松之山温泉で温泉バイナリ発電の実証試験が開始され，2013年4月からは長崎県小浜温泉で同様の実証試験が行われ，小浜温泉では2015年9月からは125 kWのバイナリ発電所が運転を開始している．すでに述べたように温泉地を中心に全国で温泉バイナリ発電が急速に展開しつつある．やがては，わが国の高温の温泉地ではどこでも温泉バイナリ発電所がみられるようになることを期待したい．そして，温泉関係者の多くが地球の熱を温泉にも発電にも利用できることを理解されることを心から願っている．実際，別府温泉では温泉発電の導入が特に進み，2018年3月現在，別府市内29か所36ユニットで温泉バイナリ発電が行われている．発電規模の多くは，100〜250 kW程度である．規模は大きくはないが地域に十分貢献しているといってよいであろう．

3.2 3.11前後のわが国における地熱開発の現状と課題は？

　以上記してきたように，わが国は地熱資源にきわめて恵まれている一方，それが十分開発利用されてこなかった．これはこれまでのわが国政府の消極的な地熱政策のもと，三つの障害，すなわち，発電コスト問題，自然公園問題（国立公園・国定公園），温泉問題を克服できなかったことによる．この三つの課題のうち，発電コスト問題は，2012年7月から施行された固定価格買取制度によって大きく改善されたといえる．残された自然公園問題（国立公園・国定公園）・温泉問題は環境省の政策にかかわるところが大きいが着実に進展してきた．

　特に自然公園問題においては，適切な自然景観保護を行いながら地熱発電所を建設する技術が大いに進歩してきていることおよび景観問題（特に発電所の立地環境保護）において既設の地熱発電所に対して国民の理解が進んでいることを十分理解し，環境省が適切な判断を行い，それを政策に活かしていくことを期待したい．温泉問題においても，環境省の努力を引き続き期待したい．また，地熱事業者は温泉関係者への丁寧な説明を引き続き続けるとともに，温泉利用と地熱発電利用の共生は科学的および技術的にも十分可能であり，社会的意義も十分あることの理解を求めていくことが必要であろう．その際，温泉発電事業者は，自己の温泉のモニタリング（人間でいえば，自らによる定期的な健康診断受診に相当する）を行うことはもちろん，周囲の温泉にも十分配慮が必要だろう．さらに，地熱発電に伴って生産される熱水の有効利用法を十分検討し，それが地域振興に大きな力をもっていることも十分理解してもらう必要があるだろう．

　なお，ごく最近（2018年5月31日），地熱発電の技術的グループではない，文系のリスク管理を研究する「地熱ガバナンス研究会」を

3 地熱発電の歴史，課題と次世代地熱発電の展望

中心とするグループが，『コミュニティと共生する地熱利用』という図書を出版した[9]．同書は地熱資源の基礎解説からはじまり，優れた地域合意形成で地域と共生する国内事例から，事業化を支える制度設計に踏み込む海外事例まで，エネルギー自治のためのプランニング手法を網羅しており，温泉関係者との合意形成だけでなく，広く地域との合意形成を成し遂げるための理論・実例が紹介されており，地熱発電が地域に受け入れられながら進んでいくための指針が具体的に書かれており，地域との合意形成に欠かせない情報となりうるもので，多くの方に利用されることを期待したい．地熱発電だけでなく，近年公共施設が地域になかなか受け入れられない状況があるが，それらの解決の一指針となることも期待される．

(iv) 2018年時点の日本の地熱発電

火山列島であるわが国は世界第3位（地熱発電量に換算して20 000 000 kW以上．1 000 000 kWの原子力発電所20基以上に相当）の地熱資源に恵まれ，地熱発電所の心臓部である地熱蒸気タービンの技術力でも世界屈指のものをもっており，地熱発電を進めるうえで非常に恵まれているが，残念ながらこれまでは地熱資源量のごく一部（3 %程度）が利用されていただけで大部分は眠ったままで，活かされてこなかった．しかし，いわゆる1970年代の二度のオイルショック後，国も力を入れて1990年代半ばには，発電出力は500 000 kWを超え世界第5位の地熱発電国となった．そして，その後地球温暖化問題が生じたが，わが国政府は再生可能エネルギーを選択せず原子力発電を選択してしまった．その一つの結果が福島第1原発の大災害であった．政府はさすがに原発事故の重大さを認識し，原発をできるだけ縮小し再生可能エネルギーに転換することになった．

2018年6月，国のエネルギー政策が議論され，新たなエネルギー基本計画が定められた．その骨子は「再生可能エネルギーは主力電源化をめざし，大量導入に取り組む」とされているが，残念ながら抜本的な新計画が提案される雰囲気はない．この再生可能エネルギー大量導入のなかで，地熱発電は基盤電源とされ 国も推進することになっている．2030年度の国の地熱発電導入目標は現在の3倍，累積1 500 000 kWである．この1 500 000 kWという数値はかなりチャレンジングな数値であり，2018年12月現在，産官学が全力を挙げて，全国で地熱資源調査および地熱発電所建設に取り組んでいる．

従来，地熱発電を進めるうえで，発電コスト問題・自然公園問題・温泉問題という三つの課題が解決できず，残念ながら停滞してきた．しかし，いわゆる3.11以降，すでに述べたように諸環境が大きく改善されつつあり，国も大いに力を入れつつある．地熱発電に対しては国民の理解が深まりつつあるが，特に若い人の理解と関心，さらに参入が期待されている．この本をお読みになった若い人が地熱・地熱発電に関心をもってぜひとも地熱の門をたたいてもらいたいと思っている．

さて，以上までで最近における地熱に関する概要を紹介したが，将来すなわち次世代の地熱発電はどんなものが想定されるかを最後に紹介したい．

3.3　次世代の地熱発電とは？

以上までで地熱発電に関する概要を紹介したが，将来すなわち次世代の地熱発電はどんなものが想定できるかを紹介したい．

持続可能な社会をめざすうえで，CO_2をできるだけ排出しない

3 地熱発電の歴史，課題と次世代地熱発電の展望

エネルギー源を求めるとともに，現実に進行している地球あるいは都市の熱環境悪化を避けるために，種々の対策を進めることが必須になっている．そこでは当面可能な努力をするとともに，将来的な対応も考えていく必要があろう．本書では次に，将来的な新しい地熱エネルギー資源利用の可能性について触れてみたい．

　すでに述べてきたように地熱エネルギーの利用は発電利用と直接利用に大きく分けられる．現在利用されているのは「地下1〜3 km深程度にある地熱貯留層からの熱水・蒸気」と「地表から100〜数百mにある温泉帯水層からの熱水・蒸気」である．以下では，現在研究開発中で，近い将来に利用が期待される地熱資源について記す．

(i) EGS発電そして超臨界水発電

　EGS発電とは，Enhanced（またはEngineered）Geothermal System発電の略である．正式な日本語訳が確定していないが，強化地熱システム発電とか人工地熱系発電とか呼ばれることがある．この言葉の起源は高温岩体（Hot Dry Rock）発電にある．高温岩体発電とは，火山地域でなくても地下深部にいくと（地下数km深）どこでも高温になり（200 ℃以上を想定），また高い圧力により岩石中の空隙が閉じ，したがって水は含まない高温の乾燥岩体となるが，ここから熱を取り出して発電を行うというのが高温岩体発電である（図3・3）[10]．このような高温岩体は火山地域に限られることなく，掘削可能な深度が増せばどこにでもあるもので，その資源量は飛躍的に増えることが予想されるため将来的に大いに期待されるのである．特に乾燥高温岩体だけでなく，温度がやや低い，透水性の不十分な岩体までを対象に広げると，資源量はさらに大きく増加する．実際アメリカのMITのグループは，アメリカ全体で10 km深までにEGS発電で期待される発電量は150 000 000 kWと推定してお

3.3 次世代の地熱発電とは？

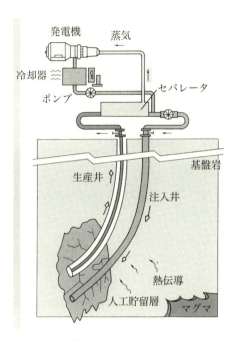

図3・3　高温岩体方式（NEDO，2002）

り，EGS発電推進の大きな原動力になっている[11].

　さて，EGS発電あるいは高温岩体発電においては，熱の抽出にあたって，まず対象の高温岩体を目掛けて1本の深い坑井を掘削し，この坑井に水を入れ高圧をかけ岩盤を破砕する（水圧破砕という）．次に，この破砕された領域に向けてもう1本の坑井を掘り，破砕帯（熱交換面）と2本の坑井を連結させ，一方の坑井から冷水を注入，破砕帯で高温の岩体と熱交換し，温められた熱水をもう1本の坑井から回収する．このようなシステムはアメリカ，日本，欧州の世界各地で実際に形成され，1990年代には，熱抽出が可能であること

3 地熱発電の歴史，課題と次世代地熱発電の展望

は示されたが，圧入した水の回収率が低いこと，水圧入に大きなエネルギーを要すること，水圧破砕に伴って有感地震が誘発される可能性があること，深い坑井の掘削に高額な費用がかかることなどから実用化への道は遠かった．しかしながら，それほど高温でなくても，また，高温乾燥岩体でなくとも，水は存在するが十分な透水性がないような場合に，水圧破砕を行って透水性を改善することによって，水を人工的に循環させることで熱回収が可能となる．このような場合と高温乾燥岩体を含め，人工的に透水性を高め，熱を取り出し発電をめざす方式をEGS発電と呼んでいる．これによって対象とする資源量がきわめて大きくなることもあり，前述のように，アメリカ・欧州を中心に積極的に研究開発がはじめられている．高温乾燥岩体の場合は，まだ開発に時間と経費がかかるが，EGS発電は比較的容易にはじめることができる．現在，アメリカでは既設地熱発電所地域の地熱貯留層の周辺の領域をEGS発電の対象領域として開発が進められている地域がある．

　わが国でも高温岩体発電のフィージビリティスタディには成功したが，最終的には当時においては経済的でないと判断され，研究開発は中断している．現在，JOGMEC（石油天然ガス・金属鉱物資源機構）の技術開発において，生産性の不十分な地熱貯留層に水圧破砕を実施し透水性を改善，生産量を増大させる技術開発が実施されており，これまで培われてきた高温岩体発電の開発技術が活かされている．浅部（1〜3 km）の火山性資源に恵まれているわが国としては，当面その開発に注力し地熱発電所を建設していくことをめざし，EGS発電に関しては基礎的な研究を継続し，将来に備えることがよいのではないかと考えている．

　なお，最近わが国の地熱研究グループは，地熱貯留層とマグマ溜

3.3 次世代の地熱発電とは？

りの間にある高温の延性帯をターゲットとした研究開発（延性帯発電）を計画した（図3・4）[12]．この延性帯領域に複数の坑井を掘り，EGS発電のように一つの坑井から冷水を注入し，高温の延性帯で熱交換し温められた水を別の坑井から取り出すというものである．このような深度であれば水が散逸することなく，温められた水のほとんどが回収されると考えられている．また，このような深度であれば有感地震誘発の可能性も低く，また温泉への影響の可能性もなく，温泉関係者の理解も得やすいとも考えられている．

さらに，この延性帯には多量の超臨界水（温度はおよそ400〜600 °C，圧力はおよそ22〜60 MPa程度で，エネルギー品位がきわめて高い）があるとの提案もあり，このような超臨界水貯留層は日本各地（火山地域深部）にあるとも考えられており，それらからの発電量がTW（テラワット）規模との想定もある[13]．

実は，この超臨界水発電は近年，日本を含め世界各国の地熱先進

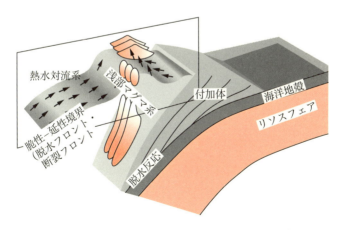

図3・4 延性帯発電のターゲット（村岡ほか，2013）

国（アイスランド，イタリア，アメリカ，メキシコ，ニュージーランドなど）でも，現在利用されている1〜3 km深にある従来型地熱貯留層の下にある超臨界水貯留層（3〜5 km深程度か）から超臨界水を取り出し，大規模な発電を想定しているものである．アイスランドではすでに，深さ4 659 mにおいて，温度427 ℃（圧力34 MPa）を確認しており，また，地上で蒸気噴出を確認している[14], [15], [16], [17]．近い将来，超臨界水発電が実現するかもしれない．そして，その先は，究極の地熱発電「マグマ発電」になる．

(ii) マグマ発電

　活火山の下数km以深の深さにはマグマ溜りと呼ばれる高温の溶融岩体がある．このマグマ溜りの上部に，超臨界水貯留層が発達している場合があり，さらにその上部に通常の熱水対流系が発達している．マグマの温度は800〜1 200 ℃程度であり，エネルギー源としてはきわめて品質が高いといえる．例えば，直径2 kmの球形のマグマ溜りから熱を取り出し，発電を行えば1 000 000 kWの発電が30年行えるとの計算結果がある[18]．なお，マグマは噴火によって地上に噴出してしまうが，大規模の噴火の場合，噴出するのは貯えられたマグマ溜りの10 ％程度と推定されており，またマグマは深部から継続的に補給されることが多く，実際のマグマ溜りが30年間で熱が枯渇してしまうということではない．

　マグマ溜りからの熱抽出による発電「マグマ発電」は究極の地熱エネルギー利用ということができ，開発にいたるプロセスには困難が予想され，次世代の地熱発電方式としてもきわめてチャレンジングな課題と考えられる．現在，マグマ溜りからの熱抽出として二つの方式（オープン方式とクローズド方式）が考えられている．オープン方式はアメリカで考案された方式で（図3・5）[19]，融けているマ

3.3 次世代の地熱発電とは？

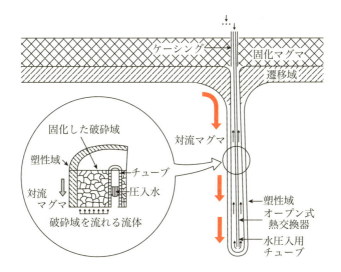

図3・5 オープン方式のマグマ発電の概念（Chu et. al., 1990）

グマ溜りの上部に，温められた水の回収用に坑井を掘削する．この坑井の中からさらに深部までマグマ溜りの中を掘り進み，細いパイプを埋め込む．そして細いパイプから冷水を注入し，マグマと接触して蒸気になった水を細いパイプと水回収用の坑井の環状部から回収するものである．このような熱交換システムがハワイ・キラウエア火山の溶岩湖に形成され（深さ70 m），実際に熱回収に成功している．その結果，抽熱率として坑壁において，70 kW/m² という大きな値が得られている．この値は例えば，地中熱利用の場合に熱交換井から抽出される熱量が数十W/m（熱抽出井の単位面積当たりに換算すると20～30 W/m²程度に相当）であるのと比較すると，マグマ溜りからの抽熱量がいかに大きいかが理解できる．

上述の実験が行われたのは地下数キロメートルという深部のマグ

3 地熱発電の歴史，課題と次世代地熱発電の展望

マ溜りではないが，溶融している実際のマグマ溜りからの抽熱が可能なことを実験的に示したことの意義は大きい．またこれに関連した発電材料の研究において，マグマと接触する金属についても模擬マグマを使った腐食試験が行われ，材料開発の一定の見通しも得られている[19]．このような研究を深部のマグマ溜りに適用するために，さらにアメリカ西部のロングバレーカルデラ地域において掘削がはじめられたが，マグマ溜りが存在すると推定された5 kmの目標深度に達する前に経済的な理由から中断されてしまったことは残念である．

わが国でもマグマ溜りからの熱抽出の研究が行われ，クローズド方式である坑井内同軸熱交換器（DCHE：Downhole Coaxial Heat Exchanger）方式が提案された（図3・6）[20]．DCHE方式とは，まず対象領域まで掘削し，底面を閉じた金属製のパイプを挿入する（外管と呼ぶ）．この中に断熱性の良いパイプを挿入し，同軸二重管式熱

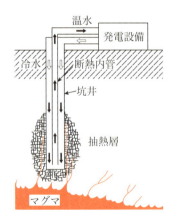

図3・6　クローズド方式のマグマ発電の概念（盛田ほか，1985）

3.3 次世代の地熱発電とは？

交換器を構成する．次に，環状の部分から冷水を注入し，深部で熱交換を行い温められた流体を内管から回収し，発電あるいは直接利用を行う．このシステムをハワイ・キラウエア火山の山腹に設置し（深さ1 000 m），実際に熱回収実験に成功している[21]．回収された熱量も数値計算結果の予測ときわめてよい一致を見せた．熱交換器を設置したのはそれほど高温の領域ではなかったが（1 000 mで150 ℃程度），このようなシステムが1 000 mという深度にわたって実際に構築され，かつ十分予測どおり機能することが確かめられた．

さらに大分県九重火山の実際の熱構造に基づいて3 000 mの同軸型の熱交換井を造成した場合の熱抽出量の評価が行われた．その結果深さ3 000 mの坑井1本から15年以上にわたって15 MW_{th}以上の熱が回収されうることが示された[22]．また，九重火山での一連の実験のなかで，発電材料に対する高温火山ガス（地上で温度232 ℃）を使った暴露試験や応力腐食割れ試験が1年間にわたって行われたが，高温火山ガス中にはほとんど酸素が含まれておらず，腐食の程度も通常の地熱発電用蒸気の場合とほとんど差がないことが明らかにされた．このことは無酸素の条件下で熱抽出・発電プロセスが進行するように設計すれば，材料問題は決定的な負の問題にはならないことを示していると考えられる．一方，高温火山ガスが冷却し凝縮するときわめて強い酸性（pH1以下）の流体となり短期間でステンレスパイプに穴が空くことも経験しており，火山ガスの凝縮を避けることが重要であることもわかっている．

　マグマ溜りから熱を抽出する上記二つのアイデアは，必ずしも地下深部のマグマ溜りに対してフィールド実験が行われたわけではないが，マグマ溜りからの熱抽出という基本的な要素は実現されており，マグマ溜りの熱を利用するための第一歩が記されたといえる．

3 地熱発電の歴史，課題と次世代地熱発電の展望

今後の進展を期待したい．なおアイスランドでは火山深部の超臨界水の熱エネルギー抽出をめざして行われた研究のなかで，ボーリング坑井がマグマの一部を掘り進んでおり，またわが国の雲仙火山掘削研究においても，至近の噴火時（1990年代）に貫入したマグマの跡（火道）を掘り抜いており，数百〜1 000 °C程度の高温を掘削することはすでに可能となっていると考えてよいだろう．わが国でも岩手県葛根田地熱地域の深部地熱調査において，深さ3 729 mで500 °Cを超える領域を掘削している．この領域は高温のため岩石は脆性から延性に移行しており，すでに述べたようにわが国の村岡ほか[12]の研究グループは，この延性帯からの熱抽出をめざした研究を計画した．近い将来に坑井を掘削しての超臨界水地熱資源の研究調査が進展することを期待したい．

　最後に熱収支的観点から，マグマ溜りからの熱抽出がそれほど荒唐無稽でないことを示したい．20世紀最大の噴火は1990年に発生したフィリピンのピナツボ火山の噴火である．噴火に伴う噴煙柱は高度30 km程度まで達したといわれている．噴火に伴って放出されるエネルギーのほとんどは噴出物に付随する熱エネルギーといわれるが，このピナツボ火山の場合，噴出物総量から噴火によって放出された熱エネルギーは10^{21} Jと評価されている．一方，同様な噴火が約600年前にも発生したことが噴火後の調査で明らかにされた[23]が，1990年の噴火によって放出されたエネルギーがそれまでの600年間に蓄積されたとすると，平均熱蓄積率は約700 MW_{th}である．

　一方，これを実際の地熱発電所における抽熱率と比較してみることにする．わが国最大の大分県八丁原地熱発電所の電気出力は112 MWであるが，熱出力に換算すると約800 MW_{th}（熱から電気への熱交換率を13 %とした場合）である．ということは，ピナツボ火山

3.3 次世代の地熱発電とは？

での蓄熱率と八丁原地熱発電所における抽熱率は同程度であるということである．このことは，1990年ピナツボ火山噴火のようなきわめて大規模な噴火の場合でも，現実の地熱発電所程度の規模の長期間にわたる熱抽出で，熱の蓄積は抑えられるということである．すなわち，火山の噴火は瞬時に大量の熱エネルギーを放出するが平均の熱蓄積率はそれほど大きくなく，現存する大規模地熱発電所の規模程度で熱抽出を行うことによって，噴火を起こすような熱エネルギーの蓄積を解消できる可能性があることになる．

　以上では単に熱収支をみただけであり，火山では実際にはマグマとして（物質によって）熱が供給されるわけであり，力学的な問題も当然検討する必要があるが，マグマ溜りから熱エネルギーを抽出することによって火山活動を制御することが，熱収支的には不可能ではないことを示している．将来的には火山の深部から供給される熱を人工的に抽出し，熱利用をしながら，火山体深部への熱蓄積を避けることによって，火山活動を緩和あるいは制御することが可能となるかもしれない．そのようなことが実現されるためには，火山地下の構造あるいは火山活動の理解をさらに深める必要があるが，将来の研究課題としてきわめてチャレンジングな課題ということがいえるだろう．

参考文献

第1編
(1) 酒井治孝：地球学入門，1-284，東海大学出版会（2003）
(2) 兼岡一郎・井田喜明：火山とマグマ，1-240，東京大学出版会（1997）
(3) 巽　好幸：沈み込み帯のマグマ学，1-186，東京大学出版会（1995）
(4) 日本地熱学会IGA専門部会訳：地熱エネルギー入門，1-50（2008）
(5) 湯原浩三：高温岩体に関する基礎的研究，黒部仙人谷高温岩体からの放熱量（昭和51・52年度文部省科学研究費総合研究報告書，1-16（1978）
(6) 矢野雄策・須田芳郎・玉生志郎：日本の地熱調査における坑井データその1　コア測定データ―物性，地質層序，年代，化学組成―，地質調査所報告，第271号，1-832（1989）
(7) Hochstein, M. Zongke,Y. and Ehara, S. : The Fuzhou geothermal system (People's Republic of China) : Modeling study of a low temperature fracture-zone system, Geothermics, Vol. 19, No. 1, 43-60 (1990)
(8) Ehara, S. Hochstein, M. and OSullivan, M. : Redistribution of terrestrial heat flow by deep circulating waters recharging low temperature geothermal systems, Proc. Int. Symp. On Geothermal Energy, 618-620 (1988)
(9) 荒牧重雄・横山　泉：「岩波講座地球科学7」，第6章　火山の構造，157-172，岩波書店（1979）
(10) 九州電力：「九州電力の地熱発電所」，1-22，九州電力パンフレット（2012）
(11) 安田栄一，湯原浩三監修「地熱開発総合ハンドブック」，第3章　掘削第3節，308-316，フジテクノシステム（1982）

第2編
(1) Sekioka, M. and Yuhara, K. : Heat flux estimation in geothermal areas based on the heat balance of the ground surface, J. G. R., Vol. 79, 2053-2058 (1974)
(2) 大久保泰邦：全国のキュリー点解析結果，地質ニュース，No.362，12-17（1984）
(3) JOGMEC：「ヘリコプターを使っての地熱貯留層抽出」，地熱パンフレット，1-22（2018）
(4) 高島　勲・淵本　央・窪田康弘・林　育浩・西村　進：「秋田県鹿角市大沼地熱地域の熱水変質帯」，地質調査所報告，259号，281-310（1978）
(5) 金原啓司，湯原浩三監修：「地熱開発総合ハンドブック」，第1章　地質資源調査　第2節　変質帯調査，41-52，フジテクノシステム（1982）
(6) Fournier, R. O. : Chemical geothermometers and mixing models for

geothermal systems, Geothermics, Vol.5, 41-50 (1977)

(7) Fournier, R. O. and Truesdell, A. H. : An empirical Na-K-Ca geothermometer for natural waters, Geochem. Cosmochen, Acta, Vol.37, 1255-1275 (1973)

(8) 田篭功一・齋藤博樹・鶚田洋行・松田鉱二：地熱貯留層の開発・評価の実際と今後の課題について，九大地熱・火山研究報告，20号，46-54(2012)

(9) 石戸経士：地熱貯留層工学，1-176，日本地熱調査会 (2002)

(10) Grant, M. A. and Bixley, P. F. : Geothermal Reservoir Engineering, Academic Press, 1-378 (2011)

(11) Bodbarsson, G. G. Pruess, K. and Lipman, M. J. : Modeling of geothermal systems, Jour. Petroleum Technology, Vol.38, 1007-1021 (1986)

(12) 江原幸雄・湯原浩三・野田徹郎：九重硫黄山からの放熱量・噴出水量・火山ガス放出量とそれらから推定される熱水系と火山ガスの起源，火山，26巻，35-56 (1981)

(13) Ehara, S. : Thermal structure beneath Kuju Volcano, central Kyushu, Japan, Jour. Volcanol. Geotherm. Res., Vol. 54, 107-116 (1992)

(14) Ehara, S. Fujimitsu, Y. Nishijima, J. Fukuoka, K. and Ozawa, M. : Magmatic hydrothermal system beneath Kuju Volcano, Japan and its change after the 1995 phreatic eruption，九大地熱・火山研究報告，20号，134-141 (2012)

(15) 江原幸雄：火山の熱システム―九重火山の熱システムと火山エネルギーの利用 ，1-193，櫂歌書房 (2007)

(16) Mizutani, Y. Hayashi, S. and Sugiura, T. : Chemical and isotopic compositions of fumarolic gases from Kuju-iwoyama, Kyushu, Japan, Geochemical J., 20, 273-285 (1986)

(17) 江原幸雄・尾藤晃彰・大井豊樹・笠井弘幸：活動的な噴気地域下の微小地震活動-九重硫黄山の例，日本地熱学会誌，12巻3号，263-281 (1990)

(18) Mogi, T. and Nakama, K. : Three dimensional resistivity structure beneath Kuju Volcano, central Kyushu, Japan, Jour. Volcanol. Geotherm. Res., Vol.22, 99-111 (1998)

(19) 江原幸雄：活動的な噴気地域下の熱エネルギー抽出可能性の検討-九重硫黄山の例-，日本地熱学会誌，12巻1号，49-61 (1990)

(20) Hayba, D. O. and Ingebritsen, S. E. : The computer model HYDROTERM, a three-dimensional finite-difference model to simulate ground-water flow and heat transport in the temperature range of 0 to 1 200 ℃, Water Resources Investigation Report, 94-4045, 1-85 (1994)

(21) 鎌田浩毅：宮原地域の地質，地域地質研究報告 (1/50 000地質図幅)，1-127，地質調査所 (1997)

(22) 鶚田洋行：連結型数値シミュレータを用いた地熱発電所の出力予測手法に関する研究，1-158，九州大学学位論文 (2006)

(23) Pruess, K. : TOUGH2-A general-purpose numerical simulator for

multiphase fluid and heat flow, Report LBL-29400, UC-251, 1-102 (1991)

⑵ 火力原子力発電技術協会：地熱発電の現状と動向2016年，1-137（2017）

⑵ 日本地熱開発企業協議会：地熱発電のしくみ，1-2（2011）

⑵ 山田茂登：地熱エネルギーハンドブック，3.1　地熱発電，302-347，オーム社（2014）

⑵ 大里和己：地熱エネルギーハンドブック，3.1.2　バイナリ式発電，338-372，オーム社（2014）

⑵ Axelsson, G. Rmannsson, H. Bjornsson, Floventz, O. G. Gudmundsson, A. Palmmasson, G. Stefansson, V. Steigrimsson, B. and Tulinus, H. : Sustainable production of geothermal energy -Suggested Definition-, 1 (2003)

⑵ 江原幸雄・西島潤：地熱資源の持続可能性に対する観測的立場からの検討-重力変動観測から見た持続可能性—，日本地熱学会誌，26巻2号，181-193（2004）

⑶ Momita, M. Tokita, H. Matsuda, K. Takagi, H. Soeda, Y. Tosha, T. and Koide, K : Deep geothermal structure and the hydrothermal system in the Otake-Hatchobaru geothermal field, Japan, Proc. 22nd New Zealand Geothermal Workshop, 257-262 (2000)

⑶ 齋藤博樹・田篭功一・長野洋士・熊谷岩雄・永野征児・江原幸雄：八丁原地熱地帯における重力変動のモデリング解析から推定される地熱貯留層の挙動，日本地熱学会誌，20巻3号，185-199（1998）

第3編

⑴ 火力原子力発電技術協会：地熱発電の現状と動向2017年，1-128（2018）

⑵ 太刀川平治：地熱発電の研究，1-255，日本動力協会（1930）

⑶ Bertani, R. : Geothermal power generation in the world 2010-2014 update report, Proc. World Geothermal Congress 2015, 1-19 (2015)

⑷ 文部科学省・経済産業省・気象庁・環境省仮訳：気候変動に関する政府間パネル（IPCC）第4次評価報告書統合報告書，1-73（2007）

⑸ 地熱発電に関する研究会：地熱発電に関する研究会中間報告，1-41（2009）

⑹ 村岡洋文・阪口圭一・駒澤正夫・佐々木進：日本の熱水系資源量評価2008，日本地熱学会平成20年学術講演会講演要旨集，B01（2008）

⑺ 環境省自然環境局：温泉資源保護に関するガイドライン（地熱発電関係），1-51（2012）

⑻ 日本地熱学会・地熱発電と温泉利用の共生を検討する委員会：報告書「地熱発電と温泉との共生を目指して」，1-62（2010）

⑼ 諏訪亜紀・柴田裕希・村山武彦編著：コミュニティと共生する地熱利用，1-232，学芸出版社（2018）

⑽ 新エネルギー産業技術総合開発機構（NEDO）：地熱エネルギーの技術開発を担う，1-30（2002）

⑾ Tester, J.W. at al., An MIT-led interdisciplinary panel : The future of geothermal energy –impact of enhanced geothermal systems on the United States in the 21st century, MIT, Cambridge, USA, 1-358（2006）

⑿ 村岡洋文・浅沼　宏・伊藤久男：延性帯地熱系把握と涵養系地熱系発電利用の展望，地学雑誌，122巻2号，343-362（2013）

⒀ 浅沼　宏：島弧日本のテラワットエネルギー創成先導研究の概要，日本地熱学会平成28年学術講演会講演要旨集，OS1（2016）

⒁ 浅沼　宏：「超臨界地熱関連研究の概要」，日本地熱学会平成29年学術講演会講演要旨集，OS2-1（2017）

⒂ 岡本　敦・土屋範芳：アイスランドIDDP-2サイトの地質学的特徴，日本地熱学会平成29年学術講演会講演要旨集，OS2-2（2017）

⒃ 堀本誠記・浅沼　宏・長縄成実・角田義彦・梶原竜哉・高橋千博：世界の高温地熱掘削事例紹介，日本地熱学会平成29年学術講演会講演要旨集，OS2-3（2017）

⒄ 笠原順三・三ケ田均・高市和義・山口隆司：超臨界地熱開発におけるモニタリングとシミュレーション，日本地熱学会平成29年学術講演会講演要旨集，OS2-6（2017）

⒅ Eichelberger, J. C. and Dunn, J. C. : Magma energy. What is the potential?, GRC Bulletin, Vol.19, No.2, 53-56（1990）

⒆ Chu, T. Dunn, J. C. Finger, J. T. Rundle, J. B. Westrichl, H. R. : The magma energy program, GRC Bulletin, Vol.19, No.2, 42-52（1990）

⒇ Morita, K. Matsubayashi, O. and Kusunoki, K. : Down-hole coaxial heat exchanger using insulated inner pipe for maximum heat extraction, GRC Transactions, Vol.9, Part I, 45-50（1985）

㉑ 盛田耕二：坑井内同軸熱交換器方式の概念実証試験—ハワイにおける国際共同実験—，地熱，29巻1号，52-69（1992）

㉒ 江原幸雄・盛田耕二：火山からの熱エネルギー抽出に関する研究—火山熱貯留層からの熱抽出量の推定（九重火山・九重硫黄山の場合），地熱，30巻3号，220-234（1993）

㉓ Casadevall, T. J. : Pre-eruption hydrothermal systems at Pinatsubo, Philippine and El Chchon Mexico: Evidence for degassing magmas beneath dormant volcanoes, Extended abstracts of Japan-US Cooperative Science Program: Magmatic contributions to hydrothermal systems, 25-30（1991）

索　引

数字

1 m 深地温 ……………………… 48
20 世紀最大の噴火 …………… 130
2030 年度の地熱発電設備量の目標
……………………………… 87

アルファベット

AI ……………………………… 39
DCHE 方式 …………………… 128
EGS 発電 ……………………… 122
FIT …………………………… 114
GHQ …………………………… 103
HYDROTHERM Ver. 2.2 … 63
HFC …………………………… 86
IPCC ………………………… 110
JOGMEC ………………… 37, 113
MT 法 …………………… 37, 51
Na-K-Ca 温度計 ……………… 34
RPS 法 ………………………… 111
SAR …………………………… 29
SiO₂ …………………………… 34
TOUGH2 ……………………… 76

あ

アスター……………………… 28
アセノスフェア………………… 4
アルカリ比温度計……………… 34
アンモニア水…………………… 87

アンモニア水サイクル発電…… 87
圧縮水…………………………… 26
圧力マッチング………………… 76
圧力干渉試験…………………… 75
圧力分布………………………… 57
東化工………………………… 103

い

イソブタン……………………… 86
一斉噴気還元試験……………… 43
入口蒸気………………………… 83
硫黄鉱山………………………… 46

う

上の岱地熱発電所…………… 104

え

エコロジカラル・ランドスケープ手
法……………………………… 117
エジソン……………………… 106
エネルギー基本計画………… 121
エネルギー輸送の表現………… 41
液相…………………………… 26
延性帯発電…………………… 125
遠心分離式……………………… 83

お

オイルショック……………… 109

オーガニックランキンサイクル
　……………………………… 86
オーマット社…………………… 86
応力腐食割れ試験……………… 129
温泉のモニタリング…………… 119
温泉の有効利用法……………… 118
温泉資源の保護に関するガイドライ
　ン（地熱発電関係）……… 118
温泉帯水層……………………… 122
温泉発電………………………… 86
温泉放熱量……………………… 48
温泉問題………………… 112, 117
温泉湧出量……………………… 48
温度マッチング………………… 76
温度分布………………………… 57
鬼首地熱発電所………………… 103
小浜温泉………………………… 118
大岳温泉………………………… 102
大岳地熱発電所………… 102, 103
大沼地熱発電所………………… 103
大霧地熱地域等………………… 13
大霧地熱発電所………………… 104

か

カウンターフロー………… 15, 57
カモジャン地熱発電所………… 15
カラカラ大浴場………………… 105
カリーナサイクル……………… 87
カルデラ………………………… 18
ガイザーズ……………………… 108
ガイザーズ地熱発電所………… 15
火砕流噴火……………………… 45

火山エネルギー抽出…………… 47
火山フロント…………………… 30
火山性温泉……………………… 101
火山性微動……………………… 53
火山熱貯留層………………… 15, 50
火力原子力発電技術協会……… 101
回帰率…………………………… 98
海溝……………………………… 5
海洋プレート…………………… 4
開発リードタイム……………… 115
拡大鏡…………………………… 32
核　……………………………… 2
角閃石安山岩…………………… 45
葛根田地熱発電所1号機　…… 104
葛根田地熱発電所2号機　…… 104
感度試験………………………… 44
環境と共生する地熱発電所建設 117
環境省…………………………… 113
還元ゾーン……………………… 91
還元のない地熱流体生産……… 45
還元井………………………… 14, 43
鹿島製鉄所……………………… 87
外核……………………………… 2
岩圧型地熱資源………………… 12
岩石物性値……………………… 75

き

キャップロック……………… 14, 25
キュリー等温面法……………… 30
キラウエア火山………………… 17
機械エネルギー………………… 1
気液二相………………………… 26

気液二相流体……………………… 14
気候変動に関する政府間パネル
………………………………… 110
気水分離器……………………… 83
気相……………………………… 26
究極の地熱エネルギー利用…… 126
京都大学理学部附属地球物理学研究
所…………………………… 102
境界条件………………………… 41
強化地熱システム発電………… 122
強磁性鉱物……………………… 30
九州大学地球熱システム学研究室
…………………………………… 47
九大地熱研究室………………… 47
霧島国際ホテル地熱発電所…… 104
偽像……………………………… 36
逆断層…………………………… 33

く

クラプラ火山…………………… 16
クリノメータ…………………… 32
グランドトルース……………… 28
グリッド分割図………………… 73
グローバルな気候変動………… 110
九重火山……………………… 16, 45
九重地熱発電所………………… 104
九重硫黄山……………………… 45
九重硫黄山高温噴気地域……… 16
九重硫黄山噴気地域下………… 55
九重連山………………………… 45
空中磁気探査法………………… 30
空中写真法……………………… 30

空中赤外映像法………………… 30
空中探査法……………………… 27
空中電磁法……………………… 30
掘削調査………………………… 33
掘削泥水………………………… 23
掘削用パイプ…………………… 21
国の地熱発電導入目標………… 121
国の地熱発電目標……………… 105
黒部高温岩体地域………………… 9

け

ケーシングプログラム………… 23
ケリー…………………………… 21

こ

コア……………………………… 2
コミュニティと共生する地熱利用
………………………………… 120
コンティ侯爵の実験…………… 102
固定価格買取制度………… 85, 114
固定価格買取制度施行………… 113
光学的反射特性………………… 28
坑井試験………………………… 43
坑井内同軸熱交換器方式……… 128
坑底圧力………………………… 43
工業技術院……………………… 103
航空機………………………… 28, 29
降水……………………………… 25
高温火山ガス…………………… 129
高温岩体発電………………… 10, 122
高分解能地熱探査法…………… 37
混圧復水タービン……………… 84

極微小地震活動‥‥‥‥‥‥‥‥ *52, 59*
極微小地震活動活発ゾーン‥‥‥ *55*
合成開口レーダ‥‥‥‥‥‥‥‥ *29*

さ

サブストラクチャー‥‥‥‥‥‥ *21*
サンシャイン計画‥‥‥‥ *104, 111*
再生可能エネルギー‥‥‥‥‥‥ *110*
再生可能エネルギー大量導入‥‥ *121*
作動媒体‥‥‥‥‥‥‥‥‥‥‥ *85*
三次元地熱系数値モデル‥‥‥‥ *63*
三次元反射法探査‥‥‥‥‥‥‥ *37*
三次蒸気‥‥‥‥‥‥‥‥‥‥‥ *82*
酸性ガス‥‥‥‥‥‥‥‥‥‥‥ *84*
酸性変質帯‥‥‥‥‥‥‥‥‥‥ *60*

し

シミュレーション‥‥‥‥‥‥‥ *42*
シリカ温度計‥‥‥‥‥‥‥‥‥ *34*
シリカ温度計法‥‥‥‥‥‥‥‥ *34*
シングルフラッシュ方式‥‥‥‥ *81*
資源量評価‥‥‥‥‥‥‥‥‥‥ *27*
自然景観保護‥‥‥‥‥‥‥‥‥ *119*
自然公園特別地域‥‥‥‥‥‥‥ *116*
自然公園問題‥‥‥‥‥‥ *112, 116*
自然状態モデル‥‥‥‥‥‥ *42, 73*
自然放熱量‥‥‥‥‥‥‥‥ *10, 47*
湿分分離器‥‥‥‥‥‥‥‥‥‥ *83*
質量保存の表現‥‥‥‥‥‥‥‥ *40*
質量輸送の表現‥‥‥‥‥‥‥‥ *41*
主要動 S 波‥‥‥‥‥‥‥‥‥‥ *18*
出力回復予測‥‥‥‥‥‥‥‥‥ *76*

初期条件‥‥‥‥‥‥‥‥‥‥‥ *41*
初期微動 P 波‥‥‥‥‥‥‥‥‥ *18*
小規模バイナリ発電‥‥‥‥‥‥ *115*
小規模地熱バイナリ発電‥‥ *85, 87*
小地震‥‥‥‥‥‥‥‥‥‥‥‥ *52*
小中規模地熱発電‥‥‥‥‥‥‥ *85*
新エネルギー‥‥‥‥‥‥‥‥‥ *111*
浸透率‥‥‥‥‥‥‥‥‥‥‥‥ *41*
深層熱水‥‥‥‥‥‥‥‥‥‥‥ *11*
深部地熱調査‥‥‥‥‥‥‥‥‥ *130*
持続可能な社会‥‥‥‥‥‥‥‥ *121*
持続可能な生産レベル‥‥‥‥‥ *89*
持続可能な地熱発電‥‥‥‥‥‥ *88*
持続可能な地熱発電のあり方‥‥ *98*
次世代の地熱発電‥‥‥‥‥‥‥ *121*
次世代の地熱発電方式‥‥‥‥‥ *126*
磁気異常分布‥‥‥‥‥‥‥‥‥ *30*
磁性体分布‥‥‥‥‥‥‥‥‥‥ *30*
自己閉塞作用‥‥‥‥‥‥‥‥‥ *26*
重力観測地点‥‥‥‥‥‥‥‥‥ *92*
重力勾配‥‥‥‥‥‥‥‥‥‥‥ *31*
重力勾配が大きい‥‥‥‥‥‥‥ *37*
重力構造解析‥‥‥‥‥‥‥‥‥ *53*
重力絶対測定‥‥‥‥‥‥‥‥‥ *92*
重力探査‥‥‥‥‥‥‥‥‥‥‥ *31*
重力分離式‥‥‥‥‥‥‥‥‥‥ *83*
重力変動観測‥‥‥‥‥‥‥‥ *66, 90*
重力変動観測結果‥‥‥‥‥‥‥ *93*
重力法‥‥‥‥‥‥‥‥‥‥ *36, 51*
純国産エネルギー資源‥‥‥‥‥ *113*
状態方程式‥‥‥‥‥‥‥‥‥‥ *41*
蒸気タービン‥‥‥‥‥‥‥‥‥ *83*

蒸気清浄化設備‥‥‥‥‥‥‥　83
蒸気卓越型地熱系‥‥‥‥‥　14, 57
人工衛星‥‥‥‥‥‥‥‥‥‥　28
人工知能‥‥‥‥‥‥‥‥‥‥　39
人工地熱系発電‥‥‥‥‥‥　122
人工的な涵養‥‥‥‥‥‥‥‥　15
地震探査法‥‥‥‥‥‥‥‥‥　38
地震的手法‥‥‥‥‥‥‥‥‥　17
地震波‥‥‥‥‥‥‥‥‥‥‥‥　3

す

スクラバ‥‥‥‥‥‥‥‥‥‥　83
スクラビング設備‥‥‥‥‥‥　83
スポット‥‥‥‥‥‥‥‥‥‥　28
水圧破砕‥‥‥‥‥‥‥‥‥‥　123
水位変化‥‥‥‥‥‥‥‥‥‥　43
数学的定式化‥‥‥‥‥‥‥‥　40
杉乃井地熱発電所‥‥‥‥‥‥　104
澄川地熱発電所‥‥‥‥‥‥‥　104

せ

セパレータ‥‥‥‥‥‥‥‥‥　81
セパレータ設備‥‥‥‥‥‥‥　83
セメンチング‥‥‥‥‥‥‥‥　23
世界の地熱発電の歴史‥‥‥‥　105
世界第5位の地熱発電国　‥‥　111
正断層‥‥‥‥‥‥‥‥‥‥‥　33
生産ゾーン‥‥‥‥‥‥‥‥‥　91
生産井‥‥‥‥‥‥‥‥‥‥‥　43
生産還元試験期間‥‥‥‥‥‥　43
生産還元履歴‥‥‥‥‥‥‥‥　43
西南日本火山帯‥‥‥‥‥‥‥　101

石油代替エネルギー‥‥‥‥‥　104
石油代替エネルギー開発‥‥‥　109
石油天然ガス・金属鉱物資源機構
　‥‥‥‥‥‥‥‥‥‥‥‥　37, 113
赤外映像データ‥‥‥‥‥‥‥　29
浅層熱伝導‥‥‥‥‥‥‥‥‥　55
線状構造‥‥‥‥‥‥‥‥‥‥　28
脆性破壊‥‥‥‥‥‥‥‥‥‥　19
全自然放出水量‥‥‥‥‥‥‥　48
全自然放熱量‥‥‥‥‥‥‥‥　48

そ

側方流動‥‥‥‥‥‥‥‥‥　26, 57

た

タービン排気圧力‥‥‥‥‥‥　84
ダブルフラッシュ式‥‥‥‥‥　82
ダルシー則‥‥‥‥‥‥‥‥‥　41
岳の湯地熱発電所‥‥‥‥‥‥　104
多孔質媒体‥‥‥‥‥‥‥‥‥　41
多段復水タービン‥‥‥‥‥‥　84
太刀川平治‥‥‥‥‥‥‥‥‥　102
太平洋プレート‥‥‥‥‥‥‥‥　5
堆積盆地型地熱系‥‥‥‥‥‥　11
滝上地熱発電所‥‥‥‥‥‥‥　104
単段タービン‥‥‥‥‥‥‥‥　84
炭化水素系ガス‥‥‥‥‥‥‥　86
代替エネルギー‥‥‥‥‥‥‥　101
大規模火砕流噴火‥‥‥‥‥‥　69
第四紀‥‥‥‥‥‥‥‥‥‥‥　13

141

ち

地域との合意形成……………… *120*

地温勾配………………………… *48*

地下の熱プロセス……………… *49*

地下構造探査…………………… *51*

地化学温度計法………………… *34*

地殻…………………………………… *2*

地殻熱流量……………………… *9, 47*

地球温暖化問題………………… *109*

地球化学的探査法……………… *34*

地球熱学的研究………………… *47*

地球物理学的手法……………… *17*

地球物理学的探査法…………… *35*

地磁気観測……………………… *66*

地磁気・地電流法……………… *36*

地磁気変化……………………… *66*

地質学的探査…………………… *33*

地質学的探査法………………… *31*

地質図…………………………… *32*

地質断面図……………………… *32*

地質調査所……………………… *103*

地上調査………………………… *28*

地中熱…………………………… *23*

地電位差………………………… *35*

地熱…………………………………… *1*

地熱エネルギー政策…………… *111*

地熱ガバナンス研究会………… *119*

地熱開発に関する規制の緩和… *113*

地熱開発利用協会……………… *103*

地熱系……………………………… *9*

地熱系概念モデル
………………… *21, 27, 39, 54, 55*

地熱系数値モデル……… *27, 39, 63*

地熱資源の開発………………… *113*

地熱資源量評価………………… *26*

地熱探査法……………………… *59*

地熱地域の地熱系……………… *49*

地熱貯留層………………………… *8*

地熱貯留層数値モデリング…… *97*

地熱貯留層内外の流体収支…… *98*

地熱貯留層評価………………*39, 40*

地熱徴候………………………… *30*

地熱発電……………………………… *1*

地熱発電に関する研究会……… *112*

地熱発電の日…………………… *103*

地熱発電の方式………………… *79*

地熱発電用機器………………… *83*

地熱変質………………………… *32*

地熱流体生産…………………… *45*

地表地熱探査…………………… *27*

地表分解能……………………… *28*

貯留層シミュレータ…………… *76*

貯留層モデル…………………… *44*

貯留層モニタリング…………… *82*

貯留層変動予測………………… *43*

調達価格等算定委員会………… *114*

超低比抵抗ゾーン……………… *55*

超臨界水………………………… *125*

超臨界水地熱資源……………… *130*

超臨界水貯留層………………… *126*

超臨界水発電……………*125, 126*

直接接触式復水器……………… *84*

直接利用······················· 23

つ

ツールジョイント ·············· 21

鶴見噴気孔····················· 102

て

適正な発電量規模の評価········ 39

天水深部循環型地熱系··········· 12

デミスタ························· 83

伝導卓越型地熱系··············· 9

伝導放熱量····················· 48

電気エネルギー·············· 1, 79

電気事業による新エネルギー等の利
　　用に関する特別措置法······ 111

電気的手法····················· 35

電気伝導度····················· 35

電磁気的手法···············35, 36

電磁誘導の原理················· 106

電力自由化····················· 112

と

トリプルフラッシュ方式········ 82

ドーム形成噴火············45, 69

ドリルカラー··················· 23

ドローン······················· 28

都市の熱環境悪化··············· 122

東北日本火山帯················· 101

鴇田洋行······················· 73

特別地域 1 種 ················· 116

特別地域 2・3 種 ·············· 116

特別保護地区··················· 116

動水勾配······················· 41

同軸二重管式熱交換器··········· 128

な

ナ・ア・プルア地熱発電所······ 82

内核··························· 2

に

ニューメコン··················· 106

二次蒸気······················· 82

日本の地熱発電の歴史··········· 101

日本海溝······················· 5

ね

熱エネルギー·············· 1, 79

熱エネルギー抽出··············· 55

熱から電気への変換効率········ 60

熱映像調査····················· 29

熱収支モデル··················· 57

熱収支法······················· 48

熱水系························· 9

熱水卓越型地熱系··············· 13

熱水変質······················· 32

熱水変質鉱物···············28, 29

熱水変質帯····················· 28

熱水変質調査··················· 33

熱対流························· 41

熱抽出························· 59

熱伝導························· 41

熱放射························· 41

熱落差························· 82

熱量保存の表現················· 40

粘土化変質帯……………………… 26

の

ノルマルペンタン……………… 86

は

ハイドロフルオロカーボン…… 86
ハイブリッド発電所…………… 87
バイナリ式地熱発電………… 79
バイナリ発電……………… 73, 85
バイナリ発電導入状況………… 87
パンノニアン盆地…………… 12
背圧タービン……………… 84
背圧式………………………… 81
白色変質……………………… 32
八丈島地熱発電所………… 104, 111
八丁原地熱地域………………… 13
八丁原地熱発電所…… 73, 86, 90
八丁原地熱発電所1号機 …… 104
八丁原地熱発電所2号機 …… 104
発電コスト問題………… 112, 114
発電所本館…………………… 91
発電量予測…………………… 27
反射法………………………… 37
反射法地震探査……………… 37
暴露試験…………………… 62, 129

ひ

ヒートホール………………… 31
ヒートポンプ………………… 24
ヒストリーマッチング………… 73
ビット………………………… 23

ピエロ・コンティ……………… 107
ピナツボ火山…………………… 130
控え目な貯留層モデル………… 44
比演算処理…………………… 28
比抵抗………………………… 35
比抵抗構造…………………… 30
比抵抗法……………………… 35
微小地震……………………… 52
微小地震観測法…………… 51, 59

ふ

ファラデー…………………… 106
フィリピン海プレート…………… 5
フラッシャー………………… 82
フラッシュ式地熱発電………… 79
フラッシュ発電…………… 73, 81
プレート（岩板）……………… 4
二日市温泉…………………… 12
不活性ガス…………………… 86
復水………………………… 81
復水器………………… 81, 84
復水式………………………… 81
福建地域……………………… 12
福江島荒川…………………… 12
福島県土湯温泉……………… 86
沸騰曲線……………………… 58
噴火…………………………… 8
噴気孔………………………… 47
噴気地………………………… 48
噴気放熱量………………… 47, 72
物性試験……………………… 75

へ

ヘリコプター……………………28, 29
平均熱蓄積率…………………… 130
変質帯…………………………… 30
別府温泉………………………… 102

ほ

ホワイトアイランド火山……… 16
ボイラ・タービン主任技師…… 87
掘り管…………………………… 21
掘り屑…………………………… 23
星生山…………………………45, 54
放射性年代測定法……………… 33
法的環境アセス………………… 114
北米プレート …………………… 5
帽岩……………………………… 25

ま

マグネタイト …………………… 30
マクバン地熱地域……………… 13
マグマ水………………………… 9
マグマ性高温型地熱系
　　　　…………… 15, 50, 53, 66
マグマ性高温型地熱系地域…… 62
マグマ発電……………………… 126
マグマ溜り ……………………7, 17
マントル……………………… 2
マントルプルーム ……………… 7
松川地熱発電所………… 15, 103
松之山温泉……………………… 118
松尾八幡平地熱発電所………… 115

み

見掛けの比抵抗………………… 35
水収支モデル…………………… 96
水蒸気噴火……………… 45, 63, 69
水蒸気噴火の発生……………… 67

む

無線操縦模型飛行機…………… 28

め

メディポリス指宿地熱発電所… 105
メルト…………………………… 7

も

森地熱発電所…………………… 104

や

山川地熱発電所………………… 104
山内万寿治……………………… 101
柳津西山地熱発電所…………… 104

ゆ

ユーラシアプレート …………… 5
優良事例………………………… 116
融点……………………………… 7

よ

横ずれ断層……………………… 33
溶融物…………………………… 7

ら

ラルデレロ……………… 102, 106
ラルデレロ地熱発電所………… 15
ランドサット……………… 28

り

リグ……………………… 21
リスクマネー供給……………… 113
リソスフェア……………………… 4
リニアメント……………… 28
リモートセンシング…………… 28
流体貯留層……………… 49
硫化水素ガス……………… 84
緑色変質……………… 32

る

ルーペ……………… 32

れ

レーダ映像法……………… 29
冷却塔……………… 84
暦日利用率……………… 78
連合国総司令部……………… 103

ろ

ロータリーテーブル…………… 21
ロングバレーカルデラ………… 128
露頭調査…………………… 32

わ

わいた地熱発電所……………… 105
ワイウェラ温泉………………… 13
ワイラケイ……………… 107
ワイラケイ地熱地域………… 13
ワット……………… 106
山葵沢地熱発電所……………… 115

おわりに

　本書を最後まで読み通していただき感謝申し上げたい.

　読書前に比較して, 地熱とそれに関連する事項, 特に地熱発電に関して理解を深め, 興味を持っていただけたでしょうか. 地熱に関連する事項については一通りご紹介したつもりですが, まだ聞き足りないことが残ったでしょうか. 網羅的に紹介したつもりですが, 九重火山関連の記述が多すぎたかも知れません.

　物事の理解のためには多くの例を経験することは重要ですが, 一つのことを究めることも実は物事の本質を究めるための重要な手法と考えています. 一つのことに対する視点が定まると, 他のものがよく見えてきます. そんな思いで九重火山における研究を続けてきました. 九重火山の熱的研究は著者が最も精魂を込め長期間続けた研究であったので少し筆が滑り過ぎたかも知れません. その点はご容赦いただけると幸いです.

　ただ, 室内だけに留まらないフィールド科学分野の一人の地熱研究者の生きざまを知っていただきたく, 思いの丈を書き記しました. 「地熱発電に至る道は, コンピュータやハイテク観測機器を多用するが, 実は泥臭く, 人間味豊かな, 地熱発電のための『面白い自然の理学・工学（謎解き学・問題解決学）である地球熱システム学』」の側面を知っていただき, 地熱発電の応援団になってもらったり, あるいは自ら地熱・地熱発電に人生を掛けて見たいと思う若い人を刺激できたらこれ以上のことはありません. 読者のみなさんの将来の発展を祈念して筆をおきたい.

2019年5月　著者記す

〰〰〰 著 者 略 歴 〰〰〰

江原 幸雄（えはら　ゆきお）

地熱情報研究所代表・九州大学名誉教授
1974年　北海道大学大学院理学研究科博士課程3年中退
1990年　九州大学教授
2012年　九州大学定年退職

国際地熱協会（IGA）　理事（2001年～2007年）
日本地熱学会　会長（2006年～2010年）
NEDO　地熱開発促進調査委員会　委員長（2006年～2010年）
経済産業省　環境審査顧問会　地熱部会長代理（2011年～2019年）
JOGMEC地熱資源開発専門部会・地熱技術評価部会　部会長（2013年～）

© Yukio Ehara 2019

スッキリ！がってん！　地熱の本

2019年　7月10日　　第1版第1刷発行

著　者	江　　原　　幸　　雄
発 行 者	田　　中　　久　　喜

発　行　所
株式会社　電 気 書 院
ホームページ　www.denkishoin.co.jp
（振替口座　00190-5-18837）
〒101-0051　東京都千代田区神田神保町1-3ミヤタビル2F
電話（03）5259-9160／FAX（03）5259-9162

印刷　中央精版印刷株式会社
Printed in Japan／ISBN978-4-485-60041-2

・落丁・乱丁の際は，送料弊社負担にてお取り替えいたします．

JCOPY 〈出版者著作権管理機構 委託出版物〉

本書の無断複写（電子化含む）は著作権法上での例外を除き禁じられています．複写される場合は，そのつど事前に，出版者著作権管理機構（電話：03-5244-5088, FAX：03-5244-5089, e-mail: info@jcopy.or.jp）の許諾を得てください．また本書を代行業者等の第三者に依頼してスキャンやデジタル化することは，たとえ個人や家庭内での利用であっても一切認められません．

専門書を読み解くための入門書

スッキリ！がってん！シリーズ

スッキリ！がってん！無線通信の本

ISBN978-4-485-60020-7
B6判167ページ／阪田　史郎［著］
定価＝本体1,200円＋税（送料300円）

無線通信の研究が本格化して約150年を経た現在，無線通信は私たちの産業，社会や日常生活のすみずみにまで深く融け込んでいる．その無線通信の基本原理から主要技術の専門的な内容，将来展望を含めた応用までを包括的かつ体系的に把握できるようまとめた1冊．

スッキリ！がってん！二次電池の本

ISBN978-4-485-60022-1
B6判136ページ／関　勝男［著］
定価＝本体1,200円＋税（送料300円）

二次電池がどのように構成され，どこに使用されているか，どれほど現代社会を支える礎になっているか，今後の社会の発展にどれほど寄与するポテンシャルを備えているか，といった観点から二次電池像をできるかぎり具体的に解説した，入門書．

専門書を読み解くための入門書

スッキリ！がってん！シリーズ

スッキリ！がってん！ 雷の本

ISBN978-4-485-60021-4
B6判91ページ／乾　昭文［著］
定価＝本体1,000円＋税（送料300円）

雷はどうやって発生するでしょう？　雷の発生やその通り道など基本的な雷の話から、種類と特徴など理工学の基礎的な内容までを解説しています．また、農作物に与える影響や雷エネルギーの利用など、雷の影響や今後の研究課題についてもふれています．

スッキリ！がってん！ 感知器の本

ISBN978-4-485-60025-2
B6判173ページ／伊藤　尚・鈴木　和男［著］
定価＝本体1,200円＋税（送料300円）

住宅火災による犠牲者が年々増加していることを受け、平成23年6月までに住宅用火災警報機（感知器の仲間です）を設置する事が義務付けられました．身近になった感知器の種類、原理、構造だけでなく火災や消火に関する知識も習得できます．

専門書を読み解くための入門書

スッキリ！がってん！シリーズ

スッキリ！がってん！有機ELの本

ISBN978-4-485-60023-8
B6判162ページ／木村　睦［著］
定価＝本体1,200円＋税（送料300円）

iPhoneやテレビのディスプレイパネル（一部）が，有機ELという素材でできていることはご存知でしょうか？　そんな素材の考案者が執筆した「有機ELの本」を手にしてください．有機ELがどんなものかがわかると思います．化学が苦手な方も読み進めることができる本です．

スッキリ！がってん！燃料電池車の本

ISBN978-4-485-60026-9
B6判149ページ／高橋　良彦［著］
定価＝本体1,200円＋税（送料300円）

燃料電池車・電気自動車を基礎から学べるよう，徹底的に原理的な事項を解説しています．燃料電池車登場の経緯，構造，システム構成，原理などをわかりやすく解説しています．また，実際に大学で製作した小型燃料電池車についても解説しています．

専門書を読み解くための入門書

スッキリ！がってん！シリーズ

スッキリ！がってん！再生可能エネルギーの本

ISBN978-4-485-60028-3
B6判198ページ／豊島　安健［著］
定価＝本体1,200円＋税（送料300円）

再生可能エネルギーとはどういったエネルギーなのか，どうして注目が集まっているのか，それぞれの発電方法の原理や歴史的な発展やこれからについて，初学者向けにまとめられています．

スッキリ！がってん！太陽電池の本

ISBN978-4-485-60027-6
B6判147ページ／清水　正文［著］
定価＝本体1,200円＋税（送料300円）

メガソーラだけでなく一般家庭への導入も進んでいる太陽電池．主流となっている太陽電池の構造は？　その動作のしくみは？　今後の展望は？　などの疑問に対して専門的な予備知識などを前提にせずに一気に読み通せる一冊となっています．